STEAM 教育名校名师

Python

北京八中
Beijing No.8 High School

编程轻松入门

北京八中老师教你学编程

■ 张军 熊雪亭 巩媛丽 蘧征 张晓梅 编著

U0160578

人 民 邮 电 出 版 社

北 京

图书在版编目（CIP）数据

Python编程轻松入门：北京八中老师教你学编程 / 张军等编著. -- 北京：人民邮电出版社，2021.10
（STEAM教育名校名师）
ISBN 978-7-115-56905-9

Ⅰ．①P… Ⅱ．①张… Ⅲ．①软件工具－程序设计 Ⅳ．①TP311.561

中国版本图书馆CIP数据核字(2021)第160074号

内 容 提 要

本书是一本帮助大家轻松、快速掌握 Python 编程的入门读物。全书共有 7 章：走进 Python 的世界、Python 的基础语法、顺序结构、选择结构、循环结构、简单算法、常用模块与应用。

本书内容由浅入深、通俗易懂，根据不同知识点安排了学习目标、知识点精讲、上机实践题目、自测练习题及配套答案等内容。

本书可帮助学习者轻松地自学 Python 编程，也适合中小学、培训机构使用。

♦ 编　著　张　军　熊雪亭　巩媛丽　蓬　征　张晓梅
　　责任编辑　周　明
　　责任印制　陈　犇
♦ 人民邮电出版社出版发行　　北京市丰台区成寿寺路 11 号
　　邮编　100164　　电子邮件　315@ptpress.com.cn
　　网址　https://www.ptpress.com.cn
　　天津市豪迈印务有限公司印刷
♦ 开本：787×1092　1/16
　　印张：11　　　　　　　　　　2021 年 10 月第 1 版
　　字数：184 千字　　　　　　　2021 年 10 月天津第 1 次印刷

定价：89.80 元

读者服务热线：(010)81055493　印装质量热线：(010)81055316
反盗版热线：(010)81055315
广告经营许可证：京东市监广登字 20170147 号

序 言

　　2021年是北京市第八中学（以下简称"北京八中"）建校100周年，百年耕耘，硕果累累，立德树人，致美行远。在北京八中百年校庆之际，我校信息技术特级教师张军携4位教师，为国家科普事业尽责贡献，亦为百年校庆献礼，特编著了《Python编程轻松入门——北京八中老师教你学编程》一书。

　　新时代开启新征程，新发展需要新本领。2017年7月，国务院印发《新一代人工智能发展规划》，其中明确指出，人工智能成为国际竞争的新焦点，应实施全民智能教育项目，在中小学阶段设置人工智能相关课程、逐步推广编程教育。本书的编写对落实逐步推广编程教育有积极的促进作用。

　　Python语言是人工智能领域的主要编程语言，也是学习人工智能技术的重要基础。本书编写组的教师，传承了北京八中教师的优良传统，育人真切、治学严谨，成稿后多次进行校勘。为保证让读者入门轻松，有成就感，树立学习信心，书中根据不同知识点安排了学习目标、知识点精讲、上机实践题目、自测练习题及配套答案等丰富内容。希望北京八中教师们的辛勤付出及书中知识、能力的传导能使读者学而有得、学而有益。

　　祝愿每一位读者真正体会到学习编程的乐趣，并增长知识，提升能力！

北京市第八中学校长 王俊成

2021年4月

作者简介

张军

现任：北京市西城区教育委员会导师团专家、北京市第八中学学术指导委员会成员、信息技术课程特级教师。研究方向：通用技术、信息技术教学。先后荣获北京市优秀教师、优秀园丁、优秀科技辅导教师、学科带头人等称号。

社会兼职：北京师范大学免费师范生兼职导师、首都师范大学特级教师指导中心成员、中国教育学会中小学信息技术教育专业委员会理事。

多次在国家教育行政学院、中央电教馆、全国中小学教师继续教育网、中国教师研修网、教师教育网等机构举办讲座。

主要著作和成果：《乐智机器人简明教程》《计算机辅助设计——中望3D轻松入门》《走进电子世界》《探索电子世界》，多次参加人民教育出版社组织的《计算机》《计算机教程》《信息技术》（高中）等教材的编写工作，设计的"电波发射器"荣获北京教育学院优秀成果奖。

熊雪亭

现已由北京市第八中学调任北京市西城区教育研修学院，任高中信息技术教研员；教育硕士，高级教师，从教26年。

曾被授予"青年岗位能手""共产党员先锋岗标兵""北京市优秀科技辅导员""优秀教学指导教师"等称号。曾多次受邀担任教师资格评委，科技大赛评委，国家级、市级、区级教学比赛评委，特长生评委。

作为高中信息技术教研员，熊雪亭关注课改最新动向，积极参加新课标研讨、教材编写等活动。作为主编、核心作者等参加了人民教育出版社等出版社出版的4本教材和3本教师用书的编写工作。在《电子制作》《中国信息技术教育》和《中小学信息技术教育》中发表多篇文章。编著多本学科专业图书。在近几年国培项目中作为学科专家进行专题讲座和答疑工作，完成专题课程百余节。多次参与并主持承担教育部重点课题、市规划课题研究。

注意发挥自身的作用和影响力，关注学科教师的成长。以多种形式组织带领学科教师进行实验教学改革、新课程的开发等工作。指导的青年教师多次在全国、市级竞赛中获奖。

巩媛丽

北京市第八中学信息技术教师、区级骨干教师、北京师范大学硕士、国家级中小学课程资源库建设项目高中信息技术学科主讲教师。多次在国家教育行政学院、中国教师教育网进行专题讲座。多次获得北京市信息技术学科教学评优课一等奖。率先进行初中信息技术学科人工智能教学实验，参与过多项国家级、市级、区级教学研究课题。

蘧征

北京市第八中学信息技术教师，首都师范大学硕士，国家级中小学课程资源库建设项目高中信息技术学科主讲教师、卓越教师工作室西城团队成员。曾参与北京市同课异构课程展示、北京市信息技术学科研讨课例展示，多次参与区级课程资源制作与研究课展示活动。作为信息技术教师，辅导学生参与各项科技竞赛，并多次获得优秀辅导员称号。参与过"十三五"教育科研规划课题。

张晓梅

北京市第八中学信息技术高级教师、区级信息技术学科带头人，曾被评为优秀教育工作者、优秀教师。

做过多个国家级、市级课题，均已顺利结题，其中"移动学习环境下的课例研究"被列为教育部"十三五"重点课题；撰写的《新时期学生培养模式更新的思考》等论文在北京市、西城区多次获奖，其中《在线社交网络中的竞争影响屏蔽：基于微信的案例研究》被2018年第24届亚太通信大会录用；《本真致美地做教育——北京八中素质教育的创新发展》等多篇文章在《北京教育》《中国教育学刊》等杂志上发表；2019年，参与了普通高中教科书教师教学用书《信息技术必修2》的编写；多次在国家教育行政学院、教师教育网进行专题讲座。"做信息时代的责任公民"在教学评优课活动中获得北京市二等奖；"FOR/NEXT循环语句的应用：奔跑的小汽车"在教育部国培项目中，被评为优秀教学设计；2020年参与了教育部的课程录制，"循环结构——while语句的应用"被收录到国家中小学课程资源库中。

目　录

本书配套资源下载地址：
https://exl.ptpress.cn:8442/ex/l/59069171

第 1 章　走进 Python 的世界

　　计算机语言是什么？ Python 在众多的计算机语言中为何脱颖而出？学会 Python 能够做什么？ Python 的语言环境如何搭建？对于这些问题，我们将在第 1 章中详细地引导大家去学习与探讨。现在，就让我们一起走进 Python 的世界吧！

1.1　计算机语言

选一选

我们想让计算机帮我们计算1和2的和，以下3种指令都可以让计算机实现这个功能，你更喜欢哪一种呢？

第一种	第二种	第三种
0000,0000,000000000001	LOAD A, 1	
0010,0000,000000000010	ADD A, 2	X=1+2
0001,0000,000000010000	STORE A, 16	

【本节学习目标】

1. 了解计算机语言的发展历史。

2. 理解指令、程序等基本技术名词。

3. 知道机器语言、汇编语言、高级语言的含义和区别。

语言是一种重要的交流工具，我们人类可以通过不同的语言交流思想，动物间也有着独属于自己的语言（见图1.1）。随着计算机的产生与发展，人与计算机如何交流呢？为了解决这个问题，计算机语言随之诞生。

计算机语言（英文名为Computer Language或Programming Language）与汉语、英语类似，指的是人与计算机进行对话的语言。将人类的想法以计算机能够理解的形式呈现出来的有序指令（指挥计算机工作的命令）集就是程序。计算机语言的发展主要经历了3个阶段：机器语言、汇编语言和高级语言。

图1.1　不同的语言

1.1.1 机器语言

　　由于计算机只能识别和处理二进制数，因此早期人们采用 "0" 和 "1" 所组成的指令去控制计算机。这种由 "0" 和 "1" 组成的二进制代码，就是第一代计算机语言——机器语言。

　　机器语言是计算机能直接识别和执行的语言，由计算机内部对应的电路来完成工作。每一条指令中的 "0" 和 "1" 转换成电路中对应的低电平和高电平（见图1.2），从而控制计算机工作。机器语言对于普通人来说难懂、难记，并且程序出现错误时修改起来非常麻烦。因此，为便于使用，计算机语言在后续发展中不断被简化。但无论计算机语言如何被简化，在最终控制计算机时，都要将计算机语言翻译成计算机可以直接识别的二进制数。

图1.2　机器语言中指令与电平的对应关系

1.1.2 汇编语言

　　第二代计算机语言 —— 汇编语言，使用一些助记符来代替机器语言中的 "0" 和 "1"，例如 "将寄存器BX中的内容送到寄存器AX中"，机器语言为 "1000100111011000"，汇编语言为 "MOV AX,BX"。从这个例子中我们可以看到，使用助记符代替二进制数降低了编写指令的难度，让人与计算机之间的交流更为容易、便捷。

操作：将寄存器BX中的内容送到寄存器AX中	
机器语言指令	1000100111011000
汇编语言指令	MOV AX,BX

1.1.3 高级语言

　　虽然汇编语言在一定程度上降低了人们使用计算机语言的难度，但是汇编语言对机器的依赖性非常高，不同系列的计算机需要使用不同的汇编语言、语法和处理器。因此，人们发明了第三代计算机语言——高级语言。相比前两代计算机语言，高级语言独立于机器硬件存在，即在不同系列的计算机中使用高级语言，它的语法是完全相同的。

　　高级语言是以数学为参考进行设计的，它非常接近人类的自然语言。因为高级语言允许使用英文编写程序，所以大大降低了人们使用计算机语言的难度。高级语言的种类有很多，如Basic、Python、C、C++、Java等。与人们有不同种类的语言相似，不同种类的高级语言也都有着自己的语法、格式等，语言功能侧重点也不尽相同。

自测练习题

多项选择

1. 下列属于计算机语言的是（　　）。

　　A. 机器语言　　　　B. 汇编语言　　　　C. Python　　　　D. C++

2. 高级语言的优势是（　　）。

　　A. 高级语言使用二进制代码来编写指令，计算机可以直接处理它

　　B. 高级语言更接近人们日常所使用的对话语言

　　C. 高级语言脱离了机器硬件系统的限制

1.2　Python 语言及应用

　　Python 的创始人是荷兰人吉多·范罗苏姆（Guido van Rossum）。1989年，他在圣诞节期间为打发无聊的时间，在阿姆斯特丹开发了Python，他想让这门语言成为ABC语言的继承者和替代品。之所以用Python（大蟒蛇）作为该编程语言的名字，是因为他喜欢英国电视剧《蒙提·派森的飞行马戏团》（*Monty Python's Flying Circus*）。虽然Python在国内受到关注是近几年的事，但在计算机语言中，Python可以算是历史悠久的语言了。Python语言有什么特点，又有哪些应用领域？本课我们一起来学习。

【本节学习目标】

　　1. 了解Python的语言特点。

　　2. 了解Python的应用领域。

1.2.1 Python的语言特点

　　Python崇尚优美，遵守简单、优雅、明确的设计原则，它语法简洁、代码可读性强。完成某个功能时，使用Java可能需要100行代码，而使用Python只需要20行代码，Python能让我们事半功倍地完成任务。因此，初学者在学习Python时可以把精力集中在编程对象和思维方法上。

　　Python可扩展性强，被称作"胶水语言"。把Python嵌入C/C++等程序，可以轻松地将各种模块联结在一起。

　　Python是一种可以跨平台使用的计算机语言，主流的操作系统，如Windows、macOS、UNIX、Linux等，皆可以安装和应用Python。跨平台使用意味着在一种平台上开发的程序，在另一种平台上也可以运行，这将非常方便使用。

1.2.2 Python的使用情况

　　Python发展非常迅猛，国内外很多大学均已采用Python为计算机基础课程教学语言，同时国内人教版高中信息技术教材也使用它作为编程语言。如今，Python已

经成为深受人们欢迎的程序设计语言，在世界权威语言排行榜(TIOBE)中，Python
的排名日益上升，在2020年9月位居第3。

1.2.3 Python 的应用领域

Python的应用非常广泛，主要包含以下几个方面。

● 大型网站

Python有很多成熟的Web开发框架，如Django、Flask等。利用这些框架，使
用很少的代码就能完成一个功能齐全的网站。目前很多网站的开发用到了Python，
如YouTube、Google、Facebook、豆瓣、果壳等。

● 网络爬虫

在信息爆炸的今天，很多信息都通过各种网站传播，为了获取这些分散的信息，
网络爬虫应运而生。网络爬虫是一种自动获取网页内容的程序。网络爬虫都可以做哪
些事儿呢？它可以爬取我们喜欢的电影的评论、招聘网站上的职位信息、购物网站上
的商品信息、火车票信息等。是不是很有趣呢？当然，这些事可以用很多计算机语言
来完成，但使用Python效率很高。Life is short, you need Python!

● 数据分析

在大数据时代，数据对我们来说越来越重要，而对数据进行科学的分析，才能真
正地利用数据。在很多情况下，Python被认为是数据分析的首选语言,从Excel的公
式计算、数据透视，到SPSS的数据统计，Python都能从容地应对。相比其他数据
分析工具，Python还有自己的优势，如可以处理更大的数据集、更容易实现自动化
分析、可以建立更复杂的机器学习模型等。此外，由于Python有很丰富的第三方库，
如Numpy、Scipy、Pandas等，它能处理的问题范围非常广。

● 人工智能

在人工智能方面，主流机器学习、深度学习框架大多提供Python接口，并且目
前开始落地应用的人工智能平台，也大多是基于Python的。此外，由于Python可以
快速地进行原型开发和研究，很多项目，已经不用Java写500行代码来进行验证，而
是用Python写20行代码来进行快速验证。Python在桌面软件、自动化运维、游戏
开发、云计算等方面的应用很广泛，随着人工智能时代的发展，我们相信Python的
应用一定会愈加广泛。

1.2.4 Python 的版本

　　目前 Python 共有两个流行版本：Python 2（截至 2021 年 6 月已更新到 2.7.18）和 Python 3（截至 2021 年 6 月已更新到 3.9.5）。Python 3 相对于 Python 2 并不是一个真正意义上的升级版本，它们之间不兼容，如果你的系统安装的是 Python 3，那么它可能无法正确地运行部分使用 Python 2 编写的代码。对于初学者而言，选择哪个版本，因人而异。如果你是学生，我们建议选择 Python 3，因为 Python 3 是大势所趋；如果你是企业员工，你可以根据企业应用的 Python 版本进行学习。但其实 Python 3 和 Python 2 在思想上是共通的，掌握一个版本后，切换到另一个版本并没有那么难。

自测练习题

一、填空

1. Python 的语言特点是_____。

2. Python 的应用领域有_____。

二、判断

1. Python 3 和 Python 2 是兼容的。（　　　）

2. 网络爬虫是必须手动操作才能获取网页内容的程序。（　　　）

1.3　Python语言环境的搭建

　　在利用Python解决问题之前，需要先准备好相应的开发环境（也称编程环境、开发工具）。目前Python的开发工具较多，各有特点，如何选择和安装适合初学者的开发工具，是本节学习的主要内容。

【本节学习目标】

1. 了解Python开发工具的主要功能。
2. 了解 Thonny 及其特点。
3. 安装 Thonny，搭建Python编程环境。

1.3.1　常用的开发工具——Python集成开发环境（IDE）

　　一般来说，Python开发工具需要具有两个主要功能：输入、编辑代码；将代码翻译成机器语言，并在计算机中运行。

　　代码编辑器（也称文本编辑器、代码文本编辑器）的主要功能是输入和编辑代码。当我们编写Python代码时，我们得到的是一个包含Python代码的以.py为扩展名的文本文件。Windows系统自带的记事本也是一种代码编辑器，但由于它的功能较为简单，不常被人用来编程。

　　解释器（也称翻译器）将Python代码转成机器语言，然后在计算机中运行。通常人们所说的安装Python指的是安装Python解释器。

　　利用Python编写程序时，代码编辑器和解释器必不可少，二者通常会组合使用。

　　Python集成开发环境（IDE，Integrated Development Environment）提供应用程序开发的软件环境。它包括代码编辑器、解释器（或编译器）、调试器和图形用户界面等工具，集成了代码编写、分析、解释（或编译）、调试等功能。Python的集成开发环境有Python IDLE、PyCharm、Spyder、PyDev、Wing等。

　　Python IDLE是Python自带的集成开发工具。它带有代码编辑器和解释器，很适合初学者使用，我们可以到Python官网去下载和安装它。

IDLE之所以不叫IDE，据说是因为Python创始人吉多·范罗苏姆喜欢的Monty Python戏剧团里有位成员名叫Eric Idle。

1.3.2　Thonny——"轻量级"的Python IDE（本书推荐使用）

Thonny是一个面向初学者的Python IDE，由爱沙尼亚的塔尔图大学开发。它是一个简单、小巧、易上手的Python开发工具。

推荐理由

● 内存小、安装便捷：安装包大小仅14MB，内置Python解释器和代码编辑器，可一键轻松设置Python开发环境。

● 菜单简洁、清晰，支持多种语言显示设置。

● 功能全面、软件强大：支持多系统平台（Windows、macOS、Linux），具有语法着色、代码自动补全、语法错误显示等功能。它的调试器是专为编程学习和编程教学而设计的，方便初学者查看变量，嵌套、调用函数等。

本书将以Thonny作为入门开发工具来开展后续的Python学习。

1.3.3　安装Thonny——搭建Python语言环境（以Windows版本为例）

 进入Thonny官网，选择合适的版本进行下载。Thonny有Windows、macOS和Linux三个版本。我们需要根据操作系统，选择适合的版本，本章以Window版本为例。

Download version 3.2.7 for
Windows · Mac · Linux

NB! Windows installer is signed with new identity and you may receive a warning dialog from Defender until it gains more reputation.

Just click "More info" and "Run anyway".

2 在下载路径中找到"thonny-3.2.7"图标，单击鼠标右键，在弹出的菜单中选
择"以管理员身份运行（A）"，开始安装软件。

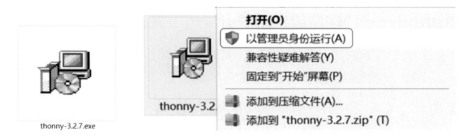

3 在安装界面中单击"Next"，进行下一步操作。

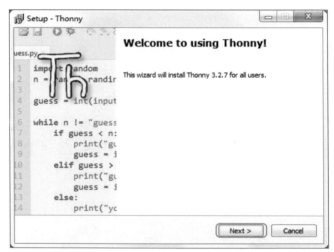

4 在使用许可协议界面中选择"I accept the agreement"，并单击"Next"。

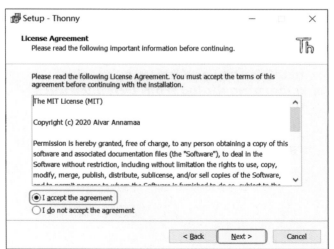

5 单击"Browse..."选择软件安装目录，然后单击"Next"。

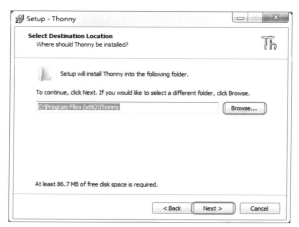

6 创建桌面快捷方式，勾选"Create desktop icon"前的选择框并单击"Next"。

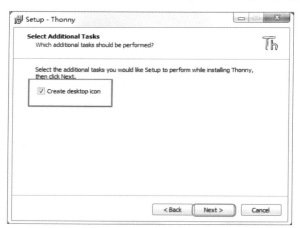

7 单击"Install"，开始安装软件。

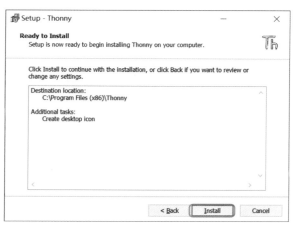

8 当安装界面出现"Great success！"时，单击"Finish"，完成安装。

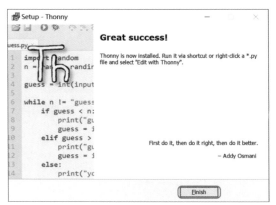

9 双击"Thonny"图标，在弹出的页面中，单击"English"旁边的下拉按钮，选择"简体中文"，然后单击"Let's go!"，完成软件的显示语言设置，进入工作界面。

到此，Python集成开发环境——Thonny已经可以正常工作了。

自测练习题

判断

1. Python开发工具不仅可以输入、编辑Python代码，还可以将这些代码转成机器语言。（　）

2. 集成开发环境（IDE）用于提供应用程序开发的软件环境，它包括代码编辑器、解释器（或编译器）、调试器和图形用户界面等工具，具有代码编写、分析、解释（或编译）、调试等功能。（　）

3. 代码编辑器只能用于编辑代码，不能将这些代码转成机器语言在计算机中运行。（　）

4. Thonny是轻量级的Python开发工具，体积小巧，不支持语法着色、代码自动补全、语法错误显示。（　）

1.4 运行第一个 Python 程序

在前面的学习中，我们已经认识了 Python 并安装了相应的开发环境。现在让我们打开 Thonny，了解一下 Thonny 的工作界面，输入一个简单对话程序，体验一下使用 Python 编写程序！

【本节学习目标】

1. 了解 Thonny 的工作界面及窗口的用途。
2. 学会编辑、保存、运行 Python 程序。

1.4.1 认识 Thonny 的工作界面

Thonny 的工作界面共有 5 部分：标题栏、菜单栏、工具栏、编辑窗口和交互窗口（见图 1.3）。

标题栏位于窗口顶部，显示当前应用程序名、文件名等内容。

图 1.3　Thonny 的工作界面

菜单栏提供如保存文件、运行程序、调整视图等功能选项。

工具栏以图形的形式表示出常用的操作命令，如打开、保存、运行等，方便用户操作。

编辑窗口用于输入、编写Python代码，运行在这个窗口中编写的程序时，程序将作为整体统一运行，然后输出最终的结果。

交互窗口有两个作用，一是用于显示输出结果，二是以交互模式运行Python命令行，即输入一行代码，敲击Enter键就运行该行代码（见图1.4）。

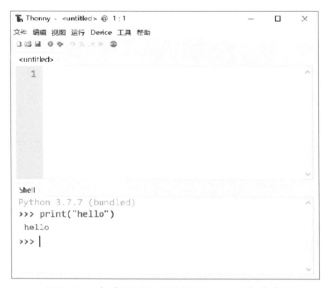

图1.4　在交互窗口运行Python命令行

1.4.2 运行第一个Python程序——"Hello，world!"

了解了Thonny的工作界面，现在让我们来体验一下Python的有趣之处，马上运行第一个Python程序——"Hello，world！"。

1 打开Thonny，进入Thonny工作界面，将下面这段程序输入Thonny的编辑窗口。

```
print("Hello,world!")
```

14

2 单击菜单栏中的■图标，或者单击"文件"中的"保存"，保存程序。本程序被命名为"1.py"。

3 单击菜单栏中的o图标，或者单击"运行"中的"运行当前脚本"，运行程序。

4 在 Thonny 的交互窗口 Shell 中，查看程序返回的结果。

```
Shell
Python 3.7.7 (bundled)
>>> %Run 1.py
 Hello,world!
```

1.4.3 体验"Python 计算器"

刚刚我们已经学习了如何编写和运行第一个 Python 程序，现在让我们进行一个有趣的小体验——"Python 计算器"，在体验的过程中深入学习如何输入程序、运行程序、查看结果。

请将图 1.5 中的程序输入 Thonny 的编辑窗口，保存并运行这个程序，并在 Thonny 的交互窗口 Shell 中查看计算的结果。

```
1  print(10+20)
2  print(10-20)
3  print(10*20)
4  print(10/20)
```

图 1.5　"Python 计算器"程序

自测练习题

编程

在 Thonny 的编辑窗口输入 "import antigravity"，保存并运行程序，看看会出现什么结果。

第1章自测试卷

填空（100分，每空4分）

1. 计算机语言的发展主要经历了3个阶段：_____、_____、_____。

2. 机器语言是由_____和_____组成的二进制代码。

3. 汇编语言用一些_____来代替二进制数据所表示的机器语言指令。

4. 高级语言的最大特点是_____。

5. Python 语言的设计原则是_____。

6. IDE 表示_____。

7. Python 编程工具中_____器和_____器是必须有的。

8. 本书推荐使用的 Python 开发工具是_____。

9. Thonny 安装包的大小为_____MB。

10. Thonny 可以在_____、_____、_____操作系统下工作。

11. Thonny 工作界面共有5部分：标题栏、工具栏、_____、_____、_____。

12. 菜单栏提供的功能选项有_____、_____、_____等。

13. 交互窗口有两个作用：_____、_____。

14. 在 Thonny 工作环境下，保存文件的快捷操作是_____。

第 2 章　Python 的基础语法

俗话说"无规矩不成方圆"，这句话同样适用于计算机语言。每种计算机语言都有自己的语法规则，遵循语法规则才能写出符合要求的程序。要想用 Python 指挥计算机工作，我们需要先学习它的基本语法。

2.1　数据类型

信息时代，我们每天都会接触大量的数据。这些数据是如何被计算机加工处理的呢？生活中，我们会将众多的杂物分门别类地处理。同样，为了规范管理，提高运行效率，数据也会被分为多种类型。不同类型的数据采用不同的存储方式和运算方式。比如数值类型的数据可以进行数值运算，可字符串不行；列表可以进行切片操作，而数值类型的数据不可以。

【本节学习目标】

1. 了解 Python 语言常见的数据类型。
2. 掌握不同数据类型的关键词及表达方式。
3. 学会判断数据的类型。
4. 根据实际问题的需要选择合适的数据类型。

在计算机科学中，数据是计算机识别、存储和加工的对象，用来描述事物的状态和属性。随着计算机处理问题能力的逐渐增强，记录事物状态和属性的数据也越来越多。在计算机中，我们会用不同类型的数据去记录事物不同的状态和属性。而这些不同类型的数据会有对应的操作方法。为了能更好地处理各种数据，Python 提供了多种数据类型。

观察表 2.1 中某位同学的数据，判断一下这些数据的类型一样吗？

表 2.1　某位同学的数据

事物的状态或属性	数据	数据类型
姓名	巴忠	
年龄（岁）	16	
身高（cm）	178.5	
体重（kg）	65.5	
是否工作	否	
爱好	击剑、游泳、篮球、阅读	

下面我们一起来学习数据的类型。

2.1.1 整型（int）

整型数据的标识符为 int。

整型数据就是整数——没有小数点的数值数据，例如 10、34、78 等。

int 类型在 Python 中是动态长度的，因为 Python 3 中 int 类型是长整型，默认可以任意长，但长度需要考虑计算机存储空间的大小。

● **体验活动：用 type() 函数判断数据类型。**

我们可以利用 type() 函数来判断数据类型，在交互窗口中，输入 type() 函数，并将要检测类型的数据放置在 type() 函数的括号中，按下键盘上的 Enter 键，系统会判断并返回数据的类型。

例如：在交互窗口提示符 >>> 右侧输入 type(8)，按下 Enter 键，系统执行后返回判断结果 <class ' int' >（见图 2.1），表示 8 这个数据的类型是整型。

```
>>> type(8)
<class 'int'>
```

图 2.1　判断 8 的数据类型

2.1.2 浮点型（float）

浮点型数据就是带小数点的数值数据。Python 中的浮点数有两种书写形式：十进制形式和指数形式。

（1）十进制形式就是我们平时书写小数的形式，例如 65.5、6.55、0.655。小数点不能省略，否则会被 Python 认为是整数。如图 2.2 所示，在交互窗口提示符 >>> 右侧输入 type(65.5)，按下 Enter 键。系统执行后返回判断结果 <class 'float' >，表示 65.5 这个数据的类型为浮点型。

```
>>> type(65.5)
<class 'float'>
```

图 2.2　判断 65.5 的数据类型

（2）指数形式由尾数部分、E（或 e）、指数部分组成。比如 3.7×10^3 可以用 3.7E3 表示，尾数部分是十进制数 3.7，指数部分是十进制数 3，它们中间用字母 E 或 e 进行分隔。再比如，2.1×10^{-2} 在 Python 中可以用 2.1E-2 来表示。在交互窗口提示符 >>> 右侧输入 type(2.1E-2)，按下 Enter 键，系统执行后返回判断结果 <class 'float'>（见图 2.3），表示 2.1E-2 这个数据的类型为浮点型。

```
>>> type(2.1E-2)
<class 'float'>
```

图 2.3　判断 2.1E-2 的数据类型

2.1.3 布尔型（bool）

布尔型通常用于逻辑判断（是与否）。布尔型的数据通常在 if 和 while 语句中应用（布尔型数据通常在 if 和 while 语句的条件判断部分出现，后续的课程中会深入学习）。

Python 中布尔型的值通常使用常量 True 和 False 表示，值分别是 1 和 0，可以理解为是与否、真与假、对与错。注意 True 和 False 两个常量必须首字母大写，其余字母小写，True ≠ true。

利用 type() 函数，可判断 True 为布尔型，如图 2.4 所示，在交互窗口提示符 >>> 右侧输入 type(True)，按下 Enter 键，系统执行后返回判断结果 <class 'bool'>，表示 True 的数据类型为布尔型。而对于利用 type() 函数判断 true 的类型，系统会显示名称错误，标示 true 名称未被定义，如图 2.5 所示。

```
>>> type(True)
<class 'bool'>
```

图 2.4　判断 True 的数据类型

```
>>> type(true)
Traceback (most recent call last):
  File "<pyshell>", line 1, in <module>
NameError: name 'true' is not defined
```

图 2.5　标示 true 名称未被定义

2.1.4 字符串（string，通常简写为 str）

Python 中的字符串是用引号引起来的一串字符，这些字符可以是英文、汉字、数字、常用符号或是其他由 Unicode 标准支持的字符。

Unicode（又称统一码、万国码、单一码）是计算机科学领域里的一项业界标准，包括字符集、编码方案等。Unicode是为了解决传统的字符编码方案的局限而产生的，它为每种语言中的每个字符设定了统一并且唯一的二进制编码，以满足跨语言、跨平台进行文本转换、处理的要求。Unicode于1990年开始研发，1994年正式公布。

字符串既可用单引号' '引起来，也可用双引号" "引起来，它们没有任何区别。在交互窗口提示符>>>右侧输入type（"中国"），按下Enter键，系统执行后返回判断结果<class 'str' >，表示双引号引起来的中国两个字为字符串（见图2.6）。如果需要定义多行的长字符串，我们可以使用三引号''' '''或者""" """。

```
>>> type("中国")
<class 'str'>
```

图2.6　判断"中国"的数据类型

2.1.5 列表（list）

列表（list）是用来存放一组数据的序列。我们可以对列表中的数据进行统计、排序等，还可以根据需要生成新列表。

Python中列表用方括号编写，各元素之间用逗号分隔。列表中元素的类型可以不相同，元素可以是数值、字符串等，也可以是列表，例如[1,2,3,4,5,6]（元素类型相同）和["巴忠",16,178.5,True,["击剑","游泳","篮球"]]（元素类型不同）。我们将后者输入交互窗口提示符>>>右侧的type()函数中，系统执行后返回判断结果<class 'list' >（见图2.7）。

```
>>> type(["巴忠",16,178.5,True, ["击剑","游泳","篮球"]])
<class 'list'>
```

图2.7　验证列表类型

2.1.6 强制类型转换

计算机工作时，为了让不同类型的数据间能有效地传递信息，需要将某个数据从一种数据类型转换成另一种数据类型。这需要用到强制类型转换函数。

Python提供的常用强制类型转换的内置函数有以下几种。

（1）int(a)：可以将变量a中的数据转换成一个整型数，变量a可以是浮点数或是由数字组成的整数字符串，但不能是指数形式的字符串，例如int(2.3)，返回值是2。

（2）float(a)：可以将变量a转换成一个浮点数，变量a可以是整型数或是由数字组成的字符串，例如float(2)，返回值为2.0

（3）str(a)：可以将变量a转换成一个字符串型数据，例如str(3)，返回值为"3"。

（4）bool(a)：可以将变量a转换成布尔型数据，在一般情况下，数值0或空字符串会被转换成False；其他的非零数值或非空字符，会被转换成True，例如bool(1)、bool(-1)、bool(23.6)、bool（"hello"），返回值为True；bool（0）、bool（""），返回值为False。

自测练习题

一、填空

1. 本节所学Python语言的常见数据类型有：

（1）_____型，标识符为_____；

（2）_____型，标识符为_____；

（3）_____型，标识符为_____；

（4）_____型，标识符为_____；

（5）_____型，标识符为_____。

2. Python提供的常用强制类型转换的内置函数有：

_____、_____、_____、_____。

二、上机操作

在交互窗口中，用type()函数判断下表中数据的类型，并将数据类型及其标识符填入表中。

现实事物状态或属性	数据	数据类型
水果名称	苹果	
数量（个）	3	
颜色	红	
重量（g）	243.8	
是否有机	是	
主要产地	天水、延安、灵宝、烟台	

2.2　常量与变量

编写程序时，为什么要使用变量呢？直接处理数据不好吗？

某同学发现想不起来之前编写过的程序 print((86+97+89)/3) 中 86、97、89 是什么数据了。

如果利用变量来标记这些数据，就可以很好地解决这个问题了。

```
math=86
chinese=97
english=89
average=(math+chinese+english)/3
print(average)
```

哦，原来这是计算考试平均成绩的程序。

编程时，合理使用变量，可以为数据做标记，方便人们阅读和理解。

【本节学习目标】

1. 了解常量和变量的概念。
2. 学会规范地给变量命名和使用变量。

2.2.1　常量与变量的概念

常量一般指不需要改变也不能改变的固定值，例如 5、3.7、"苹果" 等都是常量。

变量主要是程序运行过程中，其值可以改变的量。变量是计算机内存中存储数据的存储空间，也可以理解为存储单元，用变量名来表示。我们可以通过变量名来访问它所对应的数据。

2.2.2　变量的创建及使用

1. 变量名及命名规则

变量一般通过变量名来访问。在 Python 语言中，给变量命名时需要遵循一定的规则。对于遵循命名规则的变量名，我们称之为合法变量名。否则，我们称之为非法变量名。

Python中，变量命名的规则如下。

（1）变量名可以包括字母（汉字）、数字和下划线（_）。

例如：age、user1、name_1是合法变量名。

Name&、s#m是非法变量名（不能用特殊符号）。

（2）变量名必须以字母或下划线开头，不能以数字开头。

例如：2name是非法变量名。

（3）变量名区分字母大小写。

例如：NAME、Name、name代表的是不同的变量。

（4）变量名不能使用Python中的系统关键字。

系统关键字是程序设计语言中保留下来的具有特殊用途的标识符，每个关键字都有其特殊的含义，例如代表数据类型、代表某一种操作等。Python中的系统关键字有int、list、for、if等，我们不能使用这些关键字作为变量名。

（5）建议命名变量时要见名知意，增加代码的可读性。

如在获取某同学相关数据时可使用的变量名是name、age等。

2. 变量的赋值与创建

变量是在首次赋值时创建的。Python中的变量不需要声明，变量的赋值操作即是变量的声明和定义的过程。

在Python中，如何对变量进行赋值操作呢？

变量赋值语句格式为：变量名＝值或表达式

表达式中的"＝"（等号）在这里不是等于的意思，而是赋值操作符，它表示把符号右边的内容赋值给左边的变量。

例如：r=7，表示将7赋值给变量r。

通过赋值操作创建变量的同时，变量的值和类型也被确定。例如：执行完赋值语句r=7后，变量r被创建，变量r的值是7，类型是整型也被确定。

自测练习题

1. 试一试：判断表格中的变量名是否合法，如果不合法，请说出原因是什么。

变量名	是否合法	不合法原因
count_1		
HelloWorld		
ans#1		
姓名		
print		
5ans		
_3ab		

2. 在 Python 中，sum、Sum、SUM 是同一个变量吗？请简要说明理由。

3. "10"的类型是整型还是字符串？请简要说明理由。

4. 上机操作：创建变量 A，并将 100 赋值给 A；创建变量 B，并将 50 赋值给 B；求 A 与 B 的和。

2.3 运算符

通过前面的学习，我们了解了计算机能够处理多种类型的数据。对于不同类型的变量和数据需要进行不同的运算操作，因此会有不同的运算符。

【本节学习目标】

1. 了解运算符和表达式的概念。

2. 掌握常用的运算符。

3. 熟悉运算符的优先级。

4. 能按正确运算顺序完成运算。

2.3.1 什么是运算符

运算是一个或者一个以上的数据经过变化得到一个新值的过程。运算符是 Python 中执行各种运算的特殊符号。运算符所操作（作用）的值称为操作数。表达式是操作数和运算符的组合，如图 2.8 所示，在 3+2 中，"+"为运算符；3 和 2 是操作数；3+2 是表达式（也可以用变量来表示）；5 是运算结果，也是表达式 3+2 的值。

```
>>> 3+2
5
```

图 2.8　加法运算 "3+2"

2.3.2 常用运算符

根据运算的不同，可以对运算符进行分类。不同类型的数据会进行不同的运算，因此会使用不同的运算符。一般情况下，默认只有与运算符相匹配的数据才能直接进行运算，比如运算符 "−"只能对数值类型数据直接进行减法运算。

运算符主要有以下 4 类：赋值运算符、算术运算符、比较运算符（关系运算符）、逻辑运算符。赋值运算符前面已经介绍过，下面分别介绍其他 3 种运算符。

1. 算术运算符

算术运算符主要对数值数据进行算术运算，运算的结果为数值型。

上机验证：验证表2.2中的运算结果。

表2.2　常见的算术运算符（假设变量：a=2，b=3）

运算符	描述	算术表达式	示例
+	加法	a + b	a + b的结果为5
+	取正	+a	+a的结果为2
−	减法	a − b	a − b的结果为−1
−	取负	−a	−a的结果为−2
*	乘法	a * b	a * b的结果为6
/	除法	b / a	b / a的结果为1.5
//	整除	b // a	b // a的结果为1（返回值为除法的整数商）
%	取模（取余）	b % a	b % a的结果为1（返回值为除法的余数）
**	幂运算	a ** b	a ** b的结果为8

2. 比较运算符（关系运算符）

比较运算符，也称关系运算符，用于对常量、变量或表达式的结果进行大小比较。运算的结果为布尔值True或False。如果比较的结果成立，则返回True，反之则返回False。

上机验证：验证表2.3中的运算结果。

表2.3　常见的关系运算符（假设变量：a=2，b=3）

运算符	描述	关系表达式	示例
==	等于	a == b	a == b的结果为 False
!=	不等于	a != b	a != b的结果为 True
>	大于	a > b	a > b的结果为 False
<	小于	a < b	a < b的结果为 True
>=	大于等于	a >= b	a >= b的结果为 False
<=	小于等于	a <= b	a <= b的结果为 True

● 上机练习图2.9～图2.11所示的程序，并验证结果是否正确。

```
>>> 89 > 100          >>> 27*5 >= 76          >>> False < True
False                 True                    True
```

图2.9　比较表达式1　　图2.10　比较表达式2　　图2.11　比较表达式3

3. 逻辑运算符

逻辑运算又称布尔运算，是用数学方法研究逻辑问题。在逻辑运算中，有与、或、非3种基本逻辑运算。逻辑常量只有2个，即True和False，用来表示真与假2个对立的逻辑状态，没有中间值。

● 上机验证：验证表2.4中的运算结果。

表2.4　常见的逻辑运算符（假设变量：a=True，b=False）

运算符	描述	逻辑表达式	运算规则	示例
and	与运算	a and b	当a和b的值均为True时，结果才为True	a and b的结果为False
or	或运算	a or b	当a和b的值均为False时，结果才为False	a or b的结果为True
not	非运算	not a	当a为True时，结果为False；当a为False时，结果为True	not(a and b) 的结果为 True

注意：Python中的任何数据类型都有逻辑值，所以逻辑运算符可以对所有数据进行操作。

● 上机验证：验证表2.5所示的常见数据类型的逻辑值。

表2.5　常见数据类型的逻辑值

数据类型	逻辑值为 False	逻辑值为True
整型	0	0以外其他整型数
浮点型	0.0	0.0以外其他浮点数
字符串	空字符串" "	非空字符串
列表	空列表 [ ]	非空列表

自测练习题

填空

1. 运算符主要有4类：_____、_____、_____、_____。

2. 填写下列运算符。

加法：_____；减法：_____；乘法：_____；除法：_____。

3. 填写下列关系运算符。

等于：_____；不等于：_____；大于：_____；小于：_____；大于等于：_____；小于等于：_____。

4. 填写下列运算符。

与运算：_____；或运算：_____；非运算：_____。

2.4 运算顺序与优先级

下面两个表达式的运算结果，哪一个正确呢？

A. 2 + 3 * 4 = 20   B. 2 + 3 * 4 = 14 ?

我们发现，当一个表达式含有多种运算时，运算的结合顺序不同，表达式的结果也不相同。这时候，我们需要如何确定表达式中各种运算的先后顺序呢？

【本节学习目标】

1. 知道运算符的优先级。

2. 学会按照优先级先后顺序，完成表达式的运算。

当表达式中含多种运算时，必须按一定顺序进行结合，才能保证运算的合理性和结果的正确性。表达式的结合次序取决于表达式中各种运算符的优先级。优先级高的运算符先结合，优先级低的运算符后结合。

常见运算符的优先级如表2.6所示。

表2.6　常见运算符的优先级

运算符说明	Python运算符	优先级	优先级顺序
小括号	( )	9	高
乘方	**	8	↑
符号运算符	+（正号）、-（负号）	7	
乘除	*、/、//、%	6	
加减	+、-	5	
比较运算符	==、!=、>、>=、<、<=	4	
逻辑非	not	3	
逻辑与	and	2	
逻辑或	or	1	低

（1）当表达式中出现小括号时，它的运算优先级最高。

（2）三大类运算符的优先级为算术运算符＞关系运算符＞逻辑运算符。

（3）在同类运算符中，运算符会有不同的优先级，如算术运算符中的优先级为幂

运算 > 乘除 > 加减；逻辑运算符中的优先级为 not > and > or。

（4）当多个运算符优先级相同时，按照从左向右的顺序依次运算。

● 上机验证：表达式 2**−3 是先完成 3 的取负运算，再进行 2 的 −3 次方幂运算，结果为 0.125（见图 2.12）。

```
>>> 2**-3
0.125
```

图 2.12　表达式 2**−3 的运算结果

自测练习题

一、填空

1. 运算符为_____时，优先级最高，是_____级。

2. 优先级是 8 级的运算符为_____。

3. 优先级是 5 级的运算符为_____。

4. 优先级是 7 级的运算符为_____。

5. 优先级最低的是____级，运算符为_____。

二、上机操作

写出下列表达式的运算结果。

1. (5+(100/5)*2)/9

2. "36+48="

3. a=87

   b=3

   print((a+b)/3)

4. a=5

   b=5

   print(((a*5)+(b*4))/3)

第2章自测试卷

一、单项选择（40分，每题4分）

1. 整型数据的标识符是（　　）。

    A．type   B．int   C．float   D．list

2. 下列数据中不是浮点型的是（　　）。

    A．−0.314   B．5.7E3   C．"2.5 "   D．2.1E−2

3. 关于Python列表类型，说法不正确的是（　　）。

    A．列表元素用方括号[]括起来

    B．列表各元素之间用逗号分隔

    C．列表中元素的类型可以不相同

    D．列表一旦创建，其中元素不能更改

4. 下列选项中不合法的变量名是（　　）。

    A．age   B．name_1   C．Max   D．2m

5. 下列可以作为Python变量名的是（　　）。

    A．5x   B．a−3   C．if   D．x_6

6. 以下运算符中优先级最高的是（　　）。

    A．*   B．+   C．−（减号）   D．=

7. type("7")的返回结果是（　　）。

    A．<class 'int'>   B．< class 'str' >

    C．<class 'float'>   D．<class 'list'>

8. 下列运算表达式返回值为True的是（　　）。

    A．6+4>5   B．3/2>5   C．8+2>4*4   D．8>6 and 5>6

9. 25%4的结果是（　　）。

    A．1   B．3   C．5   D．6

10. 幂运算的运算符是（　　）。

    A．*   B．**   C．%   D．//

二、填空（60分，每空4分）

1. Python 变量是在_____时同时被创建的。

2. Python 运算符主要有_____、_____、_____、_____4类。

3. Python 中的浮点型数据有_____、_____两种书写形式。

4. 如果需要定义多行的长字符串，我们可以使用_____来定义。

5. 比较运算符，用于对常量、变量或表达式的结果进行大小比较。比较运算的结果为_____类型。

6. 逻辑运算又称布尔运算，是用数学方法研究 逻辑问题。在逻辑运算中，有_____、_____、_____3种基本逻辑运算。

7. 与运算、或运算和非运算3种基本逻辑运算中，_____的运算优先级最高。

8. 当多个运算符优先级相同时，按照_____顺序依次运算。

9. 表达式 2 + 3 ** 2 / 4 的运算结果是_____。

第 3 章　顺序结构

　　在生活中，我们经常需要按照一定的先后顺序来安排事情、处理工作。例如，先洗手，后就餐；先学习课程，再完成作业……这种按照先后顺序执行的程序结构其实就是程序的基本结构之一——顺序结构。顺序结构是最简单的程序结构，自上而下依次执行相应语句。同学们，你还能举出生活中用到了顺序结构的工作吗？请将你的想法填写在下面的横线上。

3.1 获取输入信息：input()

案例引入

在使用程序解决现实问题时，我们经常会需要获取用户的信息，实现人机交互。例如，在登录 App 时，我们要输入自己的用户名和密码；在寄快递时，我们要输入相应的姓名、手机号码、地址等信息；在点外卖时，我们要选择相应的餐品、数量等。

那么，如何获取用户输入的信息，让其存储在计算机内，能够被程序处理呢？

【本节学习目标】

1. 理解 input() 函数的作用，了解 input() 函数的工作原理。

2. 理解 input() 函数的参数代表的意义，掌握 input() 函数的参数设置方法。

3. 知道 input() 函数返回值的类型为字符串。

3.1.1 input() 函数的工作原理

在程序运行时，input() 函数会让程序暂停下来，等待用户键入信息，从而获取用户输入的数据，以执行后面的程序。例如在登录账号时，程序会给出提示语"用户名："""密码："　　"，来提醒用户输入登录信息。

3.1.2 input() 函数的参数设置方法

input() 函数的语法如下所示。

```
变量 =input ("提示信息")
```

其中，input() 函数的参数，指的是括号内的内容，代表向用户显示的提示语或说明，参数可以为空，也可以是由双引号引出来的字符串。

● 试一试：请同学们打开 Thonny，在交互窗框分别输入 input()、input("用户名：")，并运行程序，体会一下不同参数设置方法的效果（见表 3.1）。

表 3.1　不同参数设置方法的效果

不同参数	input()：参数为空	input()：参数为字符串
编写程序	>>> input()	>>> input("用户名：")
输入数据	>>> input() 2020	>>> input("用户名：") 用户名：2020
结果显示	>>> input() 2020 '2020'	>>> input("用户名：") 用户名：2020 '2020'

3.1.3 input() 语句的返回值类型

根据上一小节中程序运行的结果，同学们有没有发现，我们输入的虽然是数字 2020，但结果显示的是字符串 "2020"。在 Python 3 中，无论我们输入的是数字还是字符，它都将被作为字符串读取，即 input() 函数的返回值为字符串类型。

在进行有些运算时，字符串类型无法满足我们的使用需求，例如判断用户的体温是否处于发烧。

```
t = input ("请输入你的体温：")
print(t>37.3)
```

试一试：请同学们打开 Thonny，编写并运行上面 2 行代码，会出现以下结果。这是因为什么呢？

```
>>> t=input("请输入你的体温：")
请输入你的体温：36.5
>>> print(t>37.3)
Traceback (most recent call last):
  File "<pyshell>", line 1, in <module>
TypeError: '>' not supported between instances of 'str' and 'float'
```

我们可以发现，在运行程序时会出现错误提示：字符串类型和数字类型无法进行关系运算。那么，如何解决这个问题呢？如果我们想要获取数字类型的信息应该怎么办呢？这就需要对接收到的字符串进行类型转换。例如下面的代码，我们借助 eval() 函数将字符串类型转换成数字类型。

```
t= input ("请输入你的体温：")    # 利用 input() 获取体温，并将体温保存在变
量 t 中
```

```
t = eval ( t ) # 利用 eval() 将字符串变量 t 转换成数字类型
```

我们也可以将程序简化为一行。

```
t = eval ( input ( "请输入你的体温：" ) )
```

完整的程序为：

```
t = eval ( input ( "请输入你的体温：" ) )
print(t>37.3)
```

请大家再上机试一遍。

自测练习题

单项选择

1. 以下哪个函数是用于接收用户输入信息的？（　　）

　　A. print()　　　B. input()　　　　　　　　C. eval()

2. 以下语句哪个不合乎语法？（　　）

　　A. input()　　　B. input("请输入年龄：")　　C. input(请输入年龄：)

3. 以下哪段程序无法正确运行？（　　）

　　A. age=input("请输入年龄：")

　　　　print(age>18)

　　B. age=eval(input("请输入年龄："))

　　　　print(age>18)

　　C. age=int(input("请输入年龄："))

　　　　print(age>18)

3.2　输出信息：print()

print()是编程中常用的函数之一，我们在编写计算器时需要显示计算结果，在数据分析时显示统计结果，在开发游戏时输出提示规则等都需要用到这个函数。在Python中，使用内置的print()函数就可以实现信息的输出。那么print()函数要怎么使用呢？都有什么样的输出格式呢？这节课我们就一起来探究一下吧！

【本节学习目标】

1. 了解print()函数的作用，掌握print()函数的基本语法格式。

2. 学会更改print()函数的结尾输出符号。

3. 学会更改print()函数的分隔符号。

3.2.1 print()函数的基本语法格式

print()函数的基本语法格式如下所示。

```
print（输出内容）
```

其中，print()函数的输出内容可以为数字、字符串、变量、表达式等，可根据需要进行选择。特别要注意的是，在输出字符串时，字符串需要用双引号引起来，即print（"字符串"）。

试一试：请同学们打开Thonny，在交互窗口分别尝试输出数字、字符串和变量，了解一下不同信息的输出效果（见表3.2）。

表3.2　不同信息的输出效果

输出	数字	字符串	变量
编写程序	>>> print(1314)	>>> print("生日快乐！")	>>> a="生日快乐！" >>> print(a)

结果显示	>>> print(1314)
	1314
		>>> print("生日快乐！")
		生日快乐！
			>>> a="生日快乐！"
			>>> print(a)
			生日快乐！

3.2.2 print()函数的分隔符

刚刚我们学习了print()函数的基本语法格式，即输出一行信息。如果想在一行输出多项信息怎么办呢？我们可以利用逗号将不同的内容进行分隔来实现。

print()函数输出多项内容的语法格式如下所示。

```
print ( 输出内容 1, 输出内容 2, …… , 输出内容 n))
```

● 试一试：请同学们打开 Thonny，尝试编写并运行下面的程序，查看不同输出内容是用什么符号分隔的。

```
>>> print("1班","2班","3班")
```

在默认情况下，分隔不同输出内容的符号是一个空格。那么如何更改输出内容间的分隔符呢？

print()函数输出内容的分隔符设置，基本语法格式如下所示。

```
print ( 输出内容 1, 输出内容 2, …… , 输出内容 n, sep= ' ')
```

其中，sep='' 用来明确分隔不同输出格式或内容的符号，默认为空格。

举例1：我们可以尝试更改分隔符为 '&' 。

```
>>> print("1班","2班","3班", sep='&')
```

运行结果为：1班&2班&3班

举例2：改变输出字符的间距。

```
Print(1,2,3,sep=' 连续打 5 个空格 ')
```

运行结果为：1   2   3。每个字符的间距为5个空格。

3.2.3 print()函数的结尾输出

● 试一试：请同学们打开 Thonny，尝试在编辑窗口利用print()函数输出如下图形。

```
    *
   ***
  *****
```

想必解决这个问题对同学们来说并不难，输出这个图形的参考程序如下所示。

```
print("  *  ")
print(" *** ")
print("*****")
```

经过尝试，同学们不难发现，在默认情况下，print() 函数输出的结果会自动换行，即 print() 函数的结尾输出的是换行符。那么如何更改 print() 函数的结尾输出符号呢？其实非常简单，基本的语法格式如下所示。

```
print ( 输出内容 , end= ' ' )
```

其中，end='\n' 是默认的参数，\n 为换行符。如需在输出内容的结尾添加标记，可在单引号中填写相应的内容。

举例：print("公告栏" ,end='八中专用')

在交互窗口中运行的结果如下所示。

```
>>> print("公告栏:",end=' 八中专用 ' )
```

公告栏:八中专用

自测练习题

选择

1. 以下哪个函数是用于输出信息的？（   ）

　　A. print()　　　　　　B. input()　　　　　　C. eval()

2. 以下哪段代码的输出结果为 Python？（   ）

　　A. print("Python")

　　B. text = input("请输入文本：")

　　　　print("text")

　　C. text = input("请输入文本：")

　　　　print(text)

3. 以下哪段代码的输出结果为 a/b？（   ）

　　A. print("a" , "/" , "b")

　　B. print("a/b")

　　C. print("a" , "b" ,sep="/")

3.3　IPO模式

程序设计的方法有多种形式。虽然条条大路通罗马，但如果能够总结出一种通用的设计方法，有助于我们分析问题、处理问题、解决问题，达到事半功倍的效果。

【本节学习目标】

1. 理解程序设计的IPO模型。
2. 能够分析出简单程序的IPO部分。

3.3.1　程序设计的IPO模型

在进行程序设计时，我们通常会经历"信息输入""信息处理""信息输出"3个过程，这就是所谓的IPO模型。

1.信息输入（I）

I是Input的首字母，代表程序的输入部分，例如：利用input()函数接收用户的输入信息。程序的输入部分包括用户输入信息、输入随机数据、输入文件等。信息输入通常为程序设计的开始，输入的信息是否能成功被接收以及接收的准确性，都将会对后续处理信息有重要的影响。

2.信息处理（P）

P是Process的首字母，代表对信息的处理，是程序设计的逻辑部分，例如对数据进行计算。面对不同问题时，我们需要通过分析问题，形成解决思路，从而形成程序的核心部分，即程序的算法。算法是程序最重要的部分，也是程序的灵魂所在。

3.信息输出（O）

O是Output的首字母，代表程序的输出部分，例如利用print()函数输出计算结果等。程序的输出包括在屏幕中显示（文本、图形等）、输出文件等。

3.3.2 IPO模型的案例分析

大多数程序设计应用了IPO模型，这节课我们以"简易计算器"为例，带领大家分析一下程序中IPO各部分分别是什么。

```
# 简易计算器上机操作参考程序
num1 = eval( input ("请输入第一个数字：") )      ⎤ I
num2 = eval( input ("请输入第二个数字：") )      ⎦
SUM = num1 + num2                                ⎤ P
DIF = num1 - num2                                ⎦
print("num1+num2=", SUM, sep="")                ⎤ O
print("num1-num2=", DIF, sep="")                ⎦
```

在"简易计算器"中，我们首先要通过用户输入来获取参与计算的两个数字，所以本程序的I为利用input()函数获取的信息。用户获取数字后，程序就可以对其进行加减计算，所以这部分是P，即对获取的信息进行处理。O为由print()函数输出计算后的结果。

自测练习题

选择

1. IPO模型是程序设计中常见的模型之一，IPO分别代表什么意思？（　　）

    A. 信息输入、信息处理、信息输出

    B. 信息输入、信息计算、信息输出

    C. 信息输入、运算过程、信息输出

2. 以下哪个语句可以进行信息的输入？（　　）

    A. text = input("请输入文本：")

    B. print("请输入要处理的数据：")

    C. SUM=x+y

3. 程序的输出可以有哪些形式？（　　）

    A. 计算结果的输出

    B. 数据分析后的图形输出

    C. 输出文件

3.4 案例实践：Python无人超市

在前面的学习中，我们已经掌握了Python的程序设计方法及输入、输出函数，现在我们赶紧尝试自己编写一个程序。无人超市是以顾客和机器自动交易为主的超市，无人超市为我们信息社会的发展提供了更多的可能性。下面我们就尝试利用Python来构建一个简单的无人超市吧！

【本节学习目标】

1. 学会利用流程图表示程序的设计思路。
2. 学会编写无人超市的程序，掌握input()函数、print()函数的综合使用方法。

3.4.1 Python无人超市的工作原理

● 想一想：同学们想一想，我们在生活中购买物品时都会经历哪些过程呢？请把你的想法写在下面的方框内。

我们首先要浏览商家都有什么样的商品，即商家要提供商品清单。接着，我们选择需要购买的物品。最终买卖双方确立物品信息，进行交易。那现在同学们就尝试用生活中的经验，试着用流程图来分析一下Python无人超市的工作原理吧！

● 试一试：请同学们尝试将流程图画在下面的方框内。

若要构建一个可以售卖物品的无人超市，都需要哪些部分呢？现在我们以流程图的形式呈现Python无人超市的工作原理（见图3.1）。

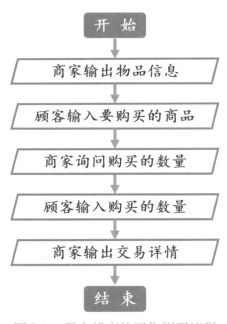

图3.1　无人超市的工作原理流程

3.4.2 Python无人超市的编程实现

在流程图中主要有输入和输出两件事情，分别可以利用input()函数和print()函数来完成。现在就请同学们自己尝试着编写一下程序，并将程序写在下页的方框里吧！

以下是一段使用 Python 模拟实现无人超市的程序，同学们可以参考。

```python
# Python 无人超市
print("欢迎来到无人超市！")
print("本店现有：苹果、柚子、芒果、樱桃、猕猴桃、哈密瓜和榴莲！")
fru = input("请输入要购买的物品：")
print("好的，那么",fru,"需要多少呢？",sep="")
num = input("请输入购买的数量：")
print("好的，顾客您需要的是",fru,"共",num,"个。",sep="")
print("请您根据屏幕显示扫码支付即可完成交易！")
```

程序运行结果如图 3.2 所示。

```
欢迎来到无人超市！
本店现有：苹果、柚子、芒果、樱桃、猕猴桃、哈密瓜和榴莲！
请输入要购买的物品：苹果
好的，那么苹果需要多少呢？
请输入购买的数量：2
好的，顾客您需要的是苹果共 2 个。
请您根据屏幕显示扫码支付即可完成交易！
```

图 3.2 无人超市程序的运行结果

3.4.3 Python无人超市的优化

现在同学们已经简单实现了一个 Python 无人超市的小程序，在此基础上还有哪些地方可以优化呢？例如，我们想要购买的物品，超市内没有怎么办？能不能显示出需要支付的金额呢？这些部分的优化设计要如何实现呢？我们一起继续学习，看看下一章的内容能不能帮我们解决这些问题！

第3章自测试卷

一、填空（65分，每空5分）

1. Python 语言中用于接收用户输入信息的函数是_____。

2. Python 语言中用于输出信息的函数是_____。

3. input() 函数的参数可以为_____，或者为_____。

4. input() 函数的返回值类型是_____，如果想将其转换为数值类型可以使用_____函数

5. print() 函数默认的分隔符为_____，如果想改变分隔符可以_____。

6. print() 函数默认的结尾符为_____，如果想改变结尾符可以_____。

7. 程序设计的IPO模型主要指_____、_____、_____这3个过程。

二、编程实践（35分）

请编写一个程序，实现对两个整数的加、减、乘、除计算。

输入：两个整数。

输出：加、减、乘、除的计算结果。

示例：运行结果如下。

请输入第1个数字：10

请输入第2个数字：5

10 + 5 = 15

10 − 5 = 5

10 * 5 = 50

10 / 5 = 2.0

第4章 选择结构

实际生活中，我们经常需要对事物进行各种判断、选择，例如开车出行时，在路口遇到红灯就要停车，遇到绿灯就可以通行等。计算机工作时，也需要对事物进行各种判断，满足一定条件则执行相应的操作，这就需要用程序的选择结构来完成。

4.1　if 语句

在银行账户系统中，如果输入密码正确则可以成功登录；在商场系统中，消费到达一定金额则升级为金卡会员并享受相应的折扣。那么，在 Python 编程中，我们如何进行条件判断呢？可以使用 if 语句。

【本节学习目标】

1. 掌握 if 语句的基本语法格式。
2. 了解应用 if 语句解决问题时易出现的错误。
3. 学会使用 if 语句解决实际问题。

4.1.1　if 语句的基本语法格式

if 语句的基本语法格式如下所示。

```
if 表达式:
    语句块
```

如果表达式的值为 True，则执行语句块；如果表达式的值为 False，则跳过语句块。

某安检系统在进行体温检测时，如果检测到温度高于 37.3℃（默认）则会发出提醒，参考程序如下所示。

```
temp=eval(input("请输入体温: "))      # 输入温度值，赋值给变量 temp
if temp>37.3:
    print("请复测体温")
```

在这个例子中，表达式是 temp>37.3，即判断输入的温度值是否大于 37.3。语句块只有一行代码：print("请复测体温")。

运行程序，输入 38.1，提示"请复测体温"；输入 36，无提示（见图 4.1）。

```
>>> %Run temperature.py

请输入体温：38.1
请复测体温

>>> %Run temperature.py

请输入体温：36
```

图4.1 体温检测参考程序

4.1.2 注意事项

在使用 if 语句时要注意以下2个问题。

1. 语句块可以有多行代码吗？

可以。例如在体温检测案例中，如果温度值高于37.3，先提示"体温过高！"，再提示"要复测体温"，修改的程序如图4.2所示。

```
1  temp=eval(input("请输入体温："))
2  if temp>37.3:
3      print("体温过高！")
4      print("请复测体温")

Shell

>>> %Run temperature.py

请输入体温：38.5
体温过高！
请复测体温
```

图4.2 体温检测程序（语句块包含多行代码）

语句块中包含多行语句时要注意严格遵守相同的缩进，因为当语句块中的两行代码缩进不一致时会报错，如图4.3所示。

```
1  temp=eval(input("请输入体温："))
2  if temp>37.3:
3      print("体温过高！")
4    print("请复测体温")

Shell

IndentationError: unindent does not match any outer inden
tation level
```

图4.3 体温检测程序（语句块中的代码有缩进不一致问题）

2. 表达式后面的冒号可以省略吗？

不可以，冒号的作用是告诉Python接下来要创建一个语句块。如果忘记写冒号，运行程序时，程序会报错，如图4.4所示。

图 4.4　体温检测程序（缺少冒号）

4.1.3 案例实践

某商场店庆活动，消费大于等于1000元则打九折，请补充代码，计算应收金额。

```
price=int(input("请输入商品金额：")
```

_____

_____

代码及运行结果如图4.5所示。

图 4.5　商场店庆价格计算参考程序

本例中，如果price的值大于等于1000，则将price*0.9赋值给price；否则，直接执行后面的语句，输出price的值。

自测练习题

一、判断

1. if 语句中的语句块只能是一行代码。(　　)

2. if 语句表达式后面的冒号可以省略。(　　)

二、编程实践

设计游戏程序，当玩家的分值高于80时，提示"你真棒！"。

4.2　if…else…语句

在上一节中，我们学习了如何应用if语句，即当条件成立时执行语句块。但很多时候，我们需要在条件成立时执行一个操作，在条件不成立时执行另外一个操作，例如银行账户、密码输入正确则可以成功登录账户，否则锁死账户；在商场消费达到一定金额时打8折，否则打9折等。这时候我们可以利用Python中的if…else…语句来实现。

【本节学习目标】

1. 掌握if…else…语句的基本语法格式。
2. 了解if…else…语句的使用注意事项。
3. 学会用if…else…语句解决实际问题。

if…else…语句类似于if语句，但其中的else语句能让我们在条件未成立时执行另一种操作，if…else…语句的执行过程如图4.6所示。

if 下的语句块 1　　条件成立　　条件不成立　　else 下的语句块 2

图4.6　if…else…语句的执行过程

4.2.1　if…else…语句的基本语法格式

if…else…语句的基本语法格式如下所示。

```
if 表达式:
    语句块 1
else:
    语句块 2
```

如果表达式的值为 True，则执行语句块1；否则，则执行语句块2。

例如，某人将自己购物网站的密码设为"python"，在登录时，他输入正确的密码则系统提示"登录成功"；否则，提示"您的密码不正确"，参考程序如下所示。

```python
password=input("请输入您的密码：")
if password=="python":
    print("登录成功")
else:
    print("您的密码不正确")
```

运行程序，输入密码"python"，提示"登录成功"；输入其他的内容，如"pthon"，则提示"您的密码不正确"（见图4.7）。

```
Shell
>>> %Run password.py
   请输入您的密码：python
   登录成功
>>> %Run password.py
   请输入您的密码：pthon
   您的密码不正确
```

图4.7　输入密码参考程序

4.2.2 注意事项

在使用if…else…语句时，需要注意以下几点。

（1）和if语句一样，语句块可以有多行代码，但多行代码间要有相同的缩进。当缩进不一致时，程序会报错，如图4.8所示。

```
1  password=input("请输入您的密码：")
2  if password=="python":
3      print("登录成功")
4  else:
5          print("您的密码不正确")
6      print("请重新输入")
```

```
Shell
IndentationError: unindent does not match
any outer indentation level
```

图4.8　else语句块因缩进不同而报错

（2）和if语句一样，if…else…后面的冒号也不可以省略。

（3）if…else…语句要配对出现，else不能单独使用。当单独使用else时，程序会报错，如图4.9所示。

```
1  password=input("请输入您的密码：")
2  else:
3      print("您的密码不正确")
```
```
Shell
    else:
        ^
SyntaxError: invalid syntax
```

图4.9　当单独使用else时，程序会报错

如果if…else…语句被其他语句分隔，如图4.10所示，会导致if…else…语句无法配对，程序运行时同样会报错。

```
1  password=input("请输入您的密码：")
2  if password=="python":
3      print("登录成功")
4  print("******")
5  else:
6      print("您的密码不正确")
```
```
Shell
    else:
        ^
SyntaxError: invalid syntax
```

图4.10　if…else…语句被其他语句分隔，程序会报错

4.2.3　表达式可以更复杂

我们在登录购物网站时，程序需要同时判断用户名和密码是否正确。假设用户名为"python"，密码为"1qaz"，我们该如何编写程序呢？我们首先来解答下面2个问题。

1. 需要用几个变量存储数据?

答：2个，可以用"urserName"存储用户名，用"passWord"存储密码。

2. if 表达式该如何写?

答：既要判断用户名是否正确，还要判断密码是否正确，可以用and连接两个比较表达式，即 userName=="python" and passWord=="1qaz"。

参考程序如下所示。

```
userName=input("请输入您的用户名：")
passWord=input("请输入您的密码：")
if userName=="python" and passWord=="1qaz":
    print("登录成功")
else:
    print("您的用户名或密码不正确")
```

运行程序，如果用户名和密码都输入正确，则显示登录成功；如果有输入不正确的，则显示"您的用户名或密码不正确"，如图4.11所示。

```
>>> %Run password.py
请输入您的用户名：python
请输入您的密码：1qaz
登录成功
>>> %Run password.py
请输入您的用户名：py
请输入您的密码：1qaz
您的用户名或密码不正确
```

图4.11　判断用户名和密码是否输入正确

4.2.4 案例实践

某中学评定奖学金的标准是文化（"语数英"平均）、劳动、体育3部分课程的成绩平均分在85以上，且每部分成绩均不低于75，请编程实现：输入某同学3部分课程的成绩，判断他是否可以获得奖学金；如果能获得奖学金，则提示"恭喜获得奖学金！"；否则提示"很遗憾，继续努力"。

1. 需要用几个变量存储数据呢？

答：3个，分别存储文化（"语数英"平均）、劳动、体育的成绩，例如用scoreExam存储文化（"语数英"平均）成绩，用scoreWork存储劳动成绩，用scorePE存储体育成绩。

2. if表达式该如何写？

答：既要判断平均分，又要判断单部分成绩，可以用and连接表达式，即(scoreExam+scoreWork+scorePE)/3>=85 and scoreExam>75 and scoreWork>=75 and scorePE>=75。

参考程序如下所示。

```
scoreExam=eval(input("请输入文化（语数英平均）成绩："))
scoreWork=eval(input("请输入劳动成绩："))
scorePE=eval(input("请输入体育成绩："))
if ((scoreExam+scoreWork+scorePE)/3>=85 and scoreExam>=75
    and scoreWork>=75 and scorePE>=75):
    print("恭喜获得奖学金！")
else:
    print("很遗憾，继续努力")
```

运行程序，输入 79、84、85，因为平均分小于85，表达式值为 False，所以执行 else 下面的语句块，显示"很遗憾，继续努力"；输入 79、84、95，因为满足获得奖学金的条件，所以显示"恭喜获得奖学金！"；输入 74、90、90，因为文化课成绩小于75，不满足条件，所以显示"很遗憾，继续努力"，如图4.12所示。

```
>>> %Run '奖学金.py'
请输入文化(语数英平均)成绩：79
请输入劳动成绩：84
请输入体育成绩：85
很遗憾，继续努力
>>> %Run '奖学金.py'
请输入文化(语数英平均)成绩：79
请输入劳动成绩：84
请输入体育成绩：95
恭喜获得奖学金！
>>> %Run '奖学金.py'
请输入文化(语数英平均)成绩：74
请输入劳动成绩：90
请输入体育成绩：90
很遗憾，继续努力
```

图4.12 评定奖学金参考程序的运行结果

自测练习题

一、判断

else 可以单独出现。(   )

二、编程实践

某安检系统在进行体温自动检测时，如果检测到温度高于37.3℃则会发出提醒，显示"请复测体温"；否则显示"请通过!"。

4.3 if…elif…else…语句

在实际生活中，很多事情不只是"如果……否则……"那么简单，往往需要面临多个选择，例如天气预报软件根据不同的温度提供相应的穿衣建议；在购物网站提供的多种支付方式中，选择一种进行支付。这种"多选一"的事情可以使用if…elif…else…语句来实现，elif是else if的缩写。

【本节学习目标】

1. 掌握if…elif…else…语句的基本语法格式。
2. 掌握if…elif…else…语句的使用注意事项。
3. 能应用if…elif…else…语句解决实际问题。

4.3.1 if…elif…else…语句的基本语法格式

if…elif…else…语句的基本语法格式如下所示。

```
if 表达式1:
    语句块1
elif 表达式2:
    语句块2
else:
    语句块3
```

如果表达式1的值为True，则执行语句块1；否则，执行下面的语句，如果表达式2的值为True，则执行语句块2；当表达式1和表达式2的值都为False时，执行语句块3。语句块1、2、3只会执行一个，即"3选1"。

身体质量指数（Body Mass Index，简称BMI），也称克托莱指数，是目前国际上常用的衡量人体胖瘦程度以及健康程度的一个标准。BMI值超标意味着必须减肥了。

BMI中国标准分类如表4.1所示。

表 4.1 BMI 中国标准分类

分类	BMI范围
偏瘦	BMI < 18.5
正常	$18.5 \leqslant BMI < 24$
偏胖	$BMI \geqslant 24$

BMI值计算方法是体重/身高^2。编程实现：输入身高、体重，显示BMI分类结果。参考程序如下所示。

```
height=eval(input("请输入身高 (m): "))
weight=eval(input("请输入体重 (kg): "))
bmi=weight/height/height
print("你的 BMI 值是 ",bmi)
if bmi < 18.5:              # 表达式 1
    print("偏瘦")
elif 18.5<=bmi < 24:   # 表达式 2
    print("正常")
else:
    print("偏胖")
```

运行程序，输入1.63、51，BMI值是19.19，表达式2成立，提示"正常"；输入1.55、65，BMI值是27，表达式1和表达式2均不成立，执行else语句块，提示"偏胖"，如图4.13所示。

```
>>> %Run BMI.py
 请输入身高(m):1.63
 请输入体重(kg):51
 你的BMI指数是 19.195302796492154
 正常

>>> %Run BMI.py
 请输入身高(m):1.55
 请输入体重(kg):65
 你的BMI指数是 27.05515088449532
 偏胖
```

图 4.13 计算BMI值并显示BMI分类

4.3.2 注意事项

（1）if…elif…else…语句不仅可以实现"3选1"，还可以实现"多选1"。

我们可以对if…elif…else…语句进行扩展，实现"多选1"，扩展的基本语法格式如下所示。

```
if 表达式 1:
    语句块 1
elif 表达式 2:
    语句块 2
elif 表达式 3:
    语句块 3
……
elif 表达式 n-1:
    语句块 n-1
else:
    语句块 n
```

细化BMI中国标准分类如表4.2所示。

表4.2　细化BMI中国标准分类

分类	BMI范围
偏瘦	BMI < 18.5
正常	$18.5 \leqslant BMI < 24$
过重	$24 \leqslant BMI < 28$
肥胖	$BMI \geqslant 28$

修改后的参考程序如下所示。

```
height=eval(input("请输入身高 (m)："))
weight=eval(input("请输入体重 (kg)："))
bmi=weight/height/height
print("你的 BMI 值 ",bmi)
if bmi < 18.5:
    print("偏瘦")
elif 18.5<=bmi < 24:
    print("正常")
elif 24<=bmi < 28:
    print("过重")
else:
    print("肥胖")
```

（2）和else一样，elif同样需要和if配对使用，不能单独使用，如果单独使用，则程序会报错，如图4.14所示。

```
1  height=eval(input("请输入身高(m)："))
2  weight=eval(input("请输入体重(kg)："))
3  bmi=weight/height/height
4  print("你的BMI指数",bmi)
5  elif 18.5<=bmi<=23.9:
6      print("正常")
7  else:
8      print("偏胖")
```
```
Shell
    elif 18.5<=bmi<=23.9:

SyntaxError: invalid syntax
```

图 4.14　elif 不能单独使用

（3）if…elif…语句后面并不一定要有else代码块例如只需要根据身高、体重，提示"偏瘦""正常""过重"，参考程序可修改为如下所示的程序。

```
height=eval(input("请输入身高 (m)："))
weight=eval(input("请输入体重 (kg)："))
bmi=weight/height/height
print("你的 BMI 值 ",bmi)
if bmi < 18.5:              # 表达式 1
    print(" 偏瘦 ")
elif 18.5<=bmi < 24:   # 表达式 2
    print(" 正常 ")
elif 24<=bmi < 28:     # 表达式 3
    print(" 过重 ")
```

当输入1.63、75时，BMI值为28.2，表达式1、2、3都不成立，则没有提示，程序运行结果如图4.15所示。

```
>>> %Run BMI2.py
请输入身高(m)：1.63
请输入体重(kg)：75
你的BMI指数 28.22838646542964
```

图4.15　不使用else语句时的运行结果

4.3.3 案例实践

某校成绩评价系统会根据学生成绩（0 ～ 100）生成相应的等级，成绩与等级的对应标准如表4.3所示。

表4.3　成绩与等级的对应标准（成绩均为整数）

成绩	等级
≥85	优秀
75 ～ 84	良好
60 ～ 74	及格
≤59	不及格

假设成绩存储在变量score中，程序结构如下所示。

```
if 表达式 1:
    语句块 1
elif 表达式 2:
    语句块 2
elif 表达式 3:
```

```
    语句块 3
else:
    语句块 4
```

则表达式1为score>=85,表达式2为75<=score<=84,表达式3为60<=score<=74,完整的参考程序如下所示。

```
score=eval(input("请输入分数:"))
if score>=85:
    print("优秀")
elif 75<=score<=84:
    print("良好")
elif score>=60:
    print("及格")
else:
    print("不及格")
```

运行程序，输入90，程序输出“优秀”；输入78，程序输出“良好”；输入65，程序输出“及格”；输入54，程序输出“不及格”，如图4.16所示。

```
 请输入分数：90
 优秀

>>> %Run grade.py
 请输入分数：78
 良好

>>> %Run grade.py
 请输入分数：65
 及格

>>> %Run grade.py
 请输入分数：54
 不及格
```

图4.16　某校成绩评价系统的参考程序

自测练习题

一、判断

elif可以单独使用。(　　)

二、编程实践

3个玩家玩1个游戏，得分最高的为赢家。当输入3个玩家的得分时，程序会输出最高的得分。

4.4　分支嵌套

　　if、elif、else的语句块可以是多行语句，这里的多行语句也包含if语句，即在选择的基础上再做选择，这就是分支嵌套。生活中很多例子都用到了分支嵌套，例如外出吃饭，要在徽菜和川菜中选1种，假设选择了徽菜，那具体选择哪家徽菜馆呢？又要继续选择。

【本节学习目标】

　　1. 理解分支嵌套的原理。
　　2. 学会应用分支嵌套解决实际问题。

4.4.1　分支嵌套的基本语法格式

1. 在if语句中嵌套if…else…语句

```
if 表达式1:
    if 表达式2:
        语句块1
    else:
        语句块2
```

2. 在if…else…语句中嵌套if…else…语句

```
if 表达式1:
    if 表达式2:
        语句块1
    else:
        语句块2
else:
    if 表达式3:
        语句块3
    else:
        语句块4
```

3. 在else…语句中嵌套if…else…语句

```
if 表达式1:
    语句块1
else:
    if 表达式2:
        语句块2
    else:
        语句块3
```

分支嵌套的本质就是if或else的语句块中又包含分支结构，除了本书介绍的几种形式，分支嵌套的形式还有很多，我们可以根据实际情况灵活运用，但要注意统一相同级别if…else…语句的代码缩进。

在某公园出票系统中，淡季、旺季的儿童票、成人票、老年票的票价不一样，具体票价如表4.4所示。

表4.4　某公园票价

季节	种类	价格（元）
淡季 （1～3、11、12月）	儿童票（<18）	30
	成人票（18～60）	60
	老年票（>60）	20
旺季 （4～10月）	儿童票（<18）	45
	成人票（18～60）	90
	老年票（>60）	30

请编程实现：输入月份和年龄，显示相应的票价。

参考程序如下所示。

```
month=eval(input("请输入月份："))
year=eval(input("请输入年龄："))
if 4<=month<=10:
    if year<18:
        print("票价是：45")
    elif 18<=year<=60:
        print("票价是：90")
    else:
        print("票价是：30")
else:
    if year<18:
        print("票价是：30")
```

```
elif 18<=year<=60:
    print("票价是：60")
else:
    print("票价是：20")
```

运行程序，输入月份10，年龄15，程序显示票价为45；输入月份1，年龄30，程序显示票价为60，如图4.17所示。

```
>>> %Run ticket.py
请输入月份：10
请输入年龄：15
票价是：45

>>> %Run ticket.py
请输入月份：1
请输入年龄：30
票价是：60
```

图4.17　某公园出票系统参考程序的运行结果

4.4.2 注意相同级别的if、elif、else代码缩进要一致

程序运行时是根据缩进的字符数来判断哪些语句是相同级别的。因此，当程序中出现多个if、elif、else时，一定要保证相同级别if、elif、else的缩进是一致的，否则程序会报错，如图4.18所示。

```
1  month=eval(input("请输入月份："))
2  year=eval(input("请输入年龄："))
3  if 4<=month<=10:
4      if year<18:
5          print("票价是：45")
6      elif 18<=year<=60:
7          print("票价是：90")
8    else:
9  |        print("票价是：30")
10 else:
11     if year<18:
12         print("票价是：30")
13     elif 18<=year<=60:
14         print("票价是：60")
15     else:
16         print("票价是：20")

Shell

IndentationError: unindent does not match any outer
indentation level
```

图4.18　缩进不同导致程序报错

4.4.3 案例实践

某西瓜价格计算器的计算标准如表4.5所示。

表 4.5　西瓜价格

品种	重量（千克）	折扣
品种 1（编号为 1） （3 元 / 千克）		不打折
品种 2（编号为 2） （5 元 / 千克）	≤ 9	不打折
	10 ~ 20	打九五折
	> 20	打九折

请编程实现：输入西瓜编号（1 或 2）和重量（整数），显示应付的价格。

参考程序如下所示。

```python
number=eval(input("请输入西瓜编号："))
weight=eval(input("请输入西瓜重量（千克）："))
if number==1:
    price=3*weight
elif number==2:
    if weight<=9:
        price=weight*5
    elif 10<=weight<=20:
        price=weight*5*0.95
    elif weight>20:
        price=weight*5*0.9
print ("您应付：",price,"元")
```

在本例中，程序首先通过 if 和 elif 判断西瓜的种类，如果为品种 2，再通过嵌套的 if…elif…elif 语句来分类计算价格。运行程序，程序显示的结果如图 4.19 所示。

```
>>> %Run watermelon.py
请输入西瓜编号：1
请输入西瓜重量（千克）：10
您应付： 30 元

>>> %Run watermelon.py
请输入西瓜编号：2
请输入西瓜重量（千克）：5
您应付： 25 元

>>> %Run watermelon.py
请输入西瓜编号：2
请输入西瓜重量（千克）：10
您应付： 47.5 元

>>> %Run watermelon.py
请输入西瓜编号：2
请输入西瓜重量（千克）：100
您应付： 450.0 元
```

图 4.19　西瓜价格计算器参考程序的运行结果

自测练习题

一、判断

1. 分支嵌套只有3种情况。（　　）

2. 分支嵌套中，相同级别的if、elif、else应具有相同的缩进。（　　）

二、编程实践

《车辆驾驶人员血液、呼气酒精含量阈值与检验》标准规定：每100毫升血液中酒精含量小于20毫克不构成饮酒驾驶行为，大于等于20毫克且小于80毫克为饮酒驾车，大于等于80毫克可以认定为醉酒驾车。请编程实现：输入100毫升中酒精的含量，判断是否为饮酒驾车、醉酒驾车。

第4章自测试卷

一、填空（40分，每空5分）

1. 在使用if…else…语句时，如果表达式的值为_____，则执行语句块；如果表达式的值为_____，则_____语句块。

2. if…else…语句的基本语法格式如下所示。

```
if 表达式：
    语句块 1
else：
    语句块 2
```

如果表达式的值为True，则执行_____；否则，则执行_____。

3. if…elif…else…语句的基本语法格式如下所示。

```
if 表达式 1：
    语句块 1
elif 表达式 2：
    语句块 2
else：
    语句块 3
```

如果表达式1的值为True，则执行语句块1；否则，如果表达式2的值为True，则执行语句块2；当表达式1和表达式2的值都为_____时，执行语句块3。if…elif…else…语句中，语句块1、2、3只会执行_____个。

4. 分支嵌套的本质就是if或else的语句块中又包含_____。

二、判断（10分，每题5分）

1. 使用if…else…语句、if…elif…else…语句时，可以没有else。（   ）

2. else或elif执行的语句块只能是一行代码。（   ）

三、选择（30分，每题10分）

1. 运行下图所示程序片段，程序的输出结果为（   ）。

```
int x=9
if x>5:
print(9)
else:
    print(0)
```

A. 9　　　　B. 0　　　　C. 报错

2. 下面的程序片段执行完后 x 和 y 的值分别是多少？（　　）

```
x=30
y=40
if x>=0:
    if x<=100:
        y=x*3
        if y<50:
            x=x//10
        else:
            y=x*2
    else:
        y=y-x
print(x)
print(y)
```

A. x: 30 y:90　　　B x: 30 y:-30　　　C: x: 30 y:60　　　C: x: 0 y:40

3. 运行如下所示的程序，输出的结果为（　　）。

```
x=7
y=3
if x<10 and y<0:
    print("Value is:",x*y)
else:
    print("Value is:",x//y)
```

A. Value is: 21　　　B. Value is: 2.33333　　　C. Value is: 2　　　D. 报错

四、编程实践（20分）

某商场抽奖系统的积分积累规则（部分）如下表所示。

抽奖数	积分数
3	30
6	60
7	7
8	80
9	90
11	11
12	120
14	14
16	160

请分析积分积累规则并编程实现：输入抽奖数，程序显示积分数。

第5章 循环结构

　　人工重复地做一件事是很枯燥的，而且很容易出错。随着信息技术的发展，计算机帮我们从很多重复的工作中解放出来了。在编程中，如何处理重复的事情呢？我们可以利用循环语句，用简洁的代码实现多行代码的效果，循环既可以是 for 循环，也可以是 while 循环。

5.1 while循环

while循环的特点是只要满足条件程序就一直重复执行，直到不满足条件，程序才结束循环，例如让计算机一直进行某种运算，直到输入"stop"才结束。

【本节学习目标】

1. 理解while循环的基本语法格式。
2. 理解while循环的执行过程。
3. 能根据具体情境利用while循环解决问题。

5.1.1 while循环的基本格式与执行过程

while循环的基本语法格式如下所示。

```
while 条件表达式:
      循环体
```

while循环的执行过程如图5.1所示。

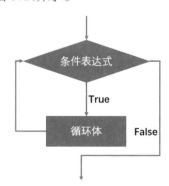

图5.1　while循环的执行过程

循环体，即重复执行的语句。当条件表达式的值为True时，执行循环体；否则，结束循环。

注意：表达式后面的冒号不能省略。

例如：模拟在ATM机输入密码的过程，假设密码为888888，输入正确则显示"密码输入成功！"；输入错误则提示"密码错误！"，且让用户继续输入密码。参考程序及执行过程如图5.2所示。

```
passWord.py
1  passWord=888888;
2  inputPassWord=eval(input("请输入银行卡密码："))
3  while inputPassWord!=passWord:
4      print("密码错误！")
5      inputPassWord=eval(input("请输入银行卡密码："))
6  print("密码输入成功！")

Shell
>>> %Run passWord.py
   请输入银行卡密码：879654
   密码错误！
   请输入银行卡密码：456321
   密码错误！
   请输入银行卡密码：888888
   密码输入成功！
```

图5.2　模拟在ATM机输入密码的过程

在这个例子中：

第一次输入"879654"，密码不对，条件表达式成立，提示"密码错误！"，并让用户继续输入密码；

第二次输入"456321"，密码不对，条件表达式成立，提示"密码错误！"，并让用户继续输入密码；

第三次输入"888888"，密码正确，条件表达式不成立，跳出循环，执行循环外的语句print("密码输入成功！")。

5.1.2　while循环的应用

while循环在实际生活中的应用非常广泛。用while循环解决问题的关键是：确定条件表达式和确定循环体。

1. 案例实践1

在猜价格游戏中，如果玩家猜对了，则游戏停止；猜错了，则提示猜测的价格是高了还是低了，并让玩家继续猜。

问题1：请补充横线上的程序。

```
price=5800
guess= int(input("请输入猜的价格："))
while _____:   # 填空1
    if(guess>price):
```

```
        print("猜高了！")
    else:
        print("猜低了！")
    _____  # 填空 2
print("猜对了！你真棒！")
```

在这个例子中，循环的条件是"没有猜对"，即猜的价格不等于实际价格，因此，填空1答案是guess!=price；循环体是"根据价格显示猜高了或猜低了，并在没有猜对时让玩家继续猜"，因此，填空2答案是guess= int(input("请输入猜的价格："))。

参考程序及运行结果如图5.3所示。

```
 1  price=5800
 2  guess= int(input("请输入猜的价格："))
 3  while guess!=price:
 4      if(guess>price):
 5          print("猜高了！")
 6      else:
 7          print("猜低了！")
 8      guess = int(input("请输入猜的价格："))
 9  print("猜对了！你真棒！")
10

Shell

请输入猜的价格：6000
猜高了！
请输入猜的价格：5600
猜低了！
请输入猜的价格：5700
猜低了！
请输入猜的价格：5800
猜对了！你真棒！
```

图5.3　猜价格游戏的参考程序及运行结果

第一次输入6000，提示"猜高了"；

第二次输入5600，提示"猜低了"；

第三次输入5700，提示"猜低了"；

第四次输入5800，提示"猜对了，你真棒！"

问题2：如果一直猜错，那么问题1中的参考程序就会无限执行下去。如果游戏设定最多只让玩家猜5次呢？需要如何修改程序？请将你的想法写在下面的横线上。

_____

答案：可以在循环条件上加一个判断猜测次数的条件，参考程序如下所示。

```
price=5800
guess= int(input("请输入猜的价格："))
times=1
while guess!=price and times<=5:
```

```
       times=times+1
       if(guess>price):
           print("猜高了！")
       else:
           print("猜低了！")
       guess = int(input("请输入猜的价格："))
print("猜对了！你真棒！")
```

问题3：当问题2中所示的参考程序退出时，会有2种情况：猜对价格，显示"猜对了！你真棒！"，退出；达到猜测次数上限，显示"猜对了！你真棒！"，退出。后者显然不合理，那么需要怎么修改代码呢？请将你的想法写在下面的横线上。

___

答案：将最后一句代码 print("猜对了！你真棒！") 进行如下修改，修改后的运行结果如图5.4所示。

```
if guess==price:
    print("恭喜，猜对了！")
else:
    print("很遗憾，游戏结束")
```

2. 案例实践2

在某系统数据有效性验证中，设定当某数 n 的各位数字之和为偶数，则为有效数字，否则为无效数字。假设输入的数字是237，各位数字之和12（2+3+7=12）是偶数，因此237是有效数字。假设输入的数字是23，各位数字之和5（2+3=5）是奇数，因此23是无效数字。这要如何用编程实现呢？

```
1  price=5800
2  guess= int(input("请输入猜的价格："))
3  times=1
4  while guess!=price and times<=5:
5      times=times+1
6      if(guess>price):
7          print("猜高了！")
8      else:
9          print("猜低了！")
10     guess = int(input("请输入猜的价格："))
11 if guess==price:
12     print("恭喜，猜对了！")
13 else:
14     print("很遗憾，游戏结束")
```

```
Shell
请输入猜的价格：5600
猜低了！
请输入猜的价格：5670
猜低了！
请输入猜的价格：5675
猜低了！
请输入猜的价格：5900
猜高了！
请输入猜的价格：5890
很遗憾，游戏结束
```

图5.4　修改后的猜价格游戏

在这个案例中，要判断各位的数字之和是否为偶数，首先要计算各位数字之和。

问题1：如何计算1个数各位的数字之和呢？请将你的想法写在下面的横线上。

___

答案：利用求余运算（%10）获取1个数最右边的数字，在每次获取完后，通过整除运算（//10），截去这个数最右边的数字，重复循环这两个操作即可获取各位的数字。以237为例。

第一次执行循环：237%10==7，获取最右边的数字7，然后237//10==23。

第二次执行循环：23%10==3，获取最右边的数字3，然后23//10==2。

第三次执行循环：2%10==2，获取最右边的数字2，然后2//10==0，循环结束。

使用while循环实现这个效果。

循环条件是：n//10!=0。

循环体是：

（1）通过求余运算获取1个数最右边数字；

（2）累加获取各位的数字之和；

（3）将n//10的值赋给n。

参考程序如下所示。

```
n=int(input("请输入一个数："))
sum=0
while n!=0:
  digit=n%10
  sum=sum+digit
  n=n//10
```

问题2：计算出各位的数字之和后，如何判断数字是否有效呢？请将你的想法写在下面的横线上。

答案：可以利用if语句进行判断，参考程序如下所示。

```
if sum%2==0:
    print("有效数字")
else:
    print("无效数字")
```

运行程序，输入56（5+6=11，11是奇数），提示"无效数字"；输入66（6+6=12，12是偶数），提示"有效数字"（见图5.5）。

```
1  n=int(input("请输入一个数："))
2  sum=0
3  while n!=0:
4    digit=n%10
5    sum=sum+digit
6    n=n//10
7  if sum%2==0:
8    print("有效数字")
9  else:
10   print("无效数字")

Shell
>>> %Run digitCheck.py
请输入一个数：56
无效数字
>>> %Run digitCheck.py
请输入一个数：66
有效数字
```

图5.5　使用参考程序验证数据的有效性

5.1.3 无限循环

如果循环条件一直成立会怎样呢?

答案:程序会一直执行下去,例如下方所示的程序,会一直输出 *,无法停止。

```
while True:
    print("*")
```

注:一般在实际中运用 while 循环时,循环体中的语句应能使循环条件为 False,或者说可以跳出循环,从而避免无限循环。

自测练习题

编程实践

1. 输出 1 ~ 100 间所有的奇数。

2. 希尔顿(Hailstone)序列问题是一个著名的数学问题,即任何一个正整数 n:如果 n 为 1,则序列终止;如果 n 为偶数,则下一个数是 $n/2$;如果 n 为奇数,则下一个数是 $3n+1$。

举例:5,16,8,4,2,1

第 1 个数是 5,则第 2 个数是 5*3+1=16;

第 2 个数是 16,则第 3 个数是 16/2=8;

第 3 个数是 8,则第 4 个数是 8/2=4;

第 4 个数是 4,则第 5 个数是 4/2=2;

第 5 个数是 2,则第 6 个数是 2/2=1;

第 6 个数是 1,则序列终止。

请编程实现,用户输入第一个数,程序输出对应的希尔顿序列。

5.2　for循环

while循环是基于条件的循环，只要条件成立，就一直重复，重复次数是不确定的。而for循环的重复次数是确定的，通常用于遍历序列（如字符串、列表、元组等）中的元素。

【本节学习目标】

1. 理解for循环的基本语法格式。

2. 理解for循环的执行过程。

3. 学会根据具体情境利用for循环解决问题。

5.2.1　for循环的基本语法格式与执行过程

for循环的基本语法格式如下所示。

```
for 循环变量 in 序列：
        循环体
```

序列是指有顺序组织在一起的数据元素的集合。

循环变量用于存储从序列中读取的元素。

循环体是一行或多行被重复执行的语句。

for循环的执行过程如图5.6所示。

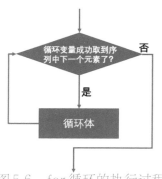

图5.6　for循环的执行过程

使用 for 循环时，程序首先判断循环变量是否成功取到序列中下一个元素，如果是，就执行循环体；继续判断循环变量是否成功取到序列中下一个元素，如果是，则执行循环体；以此类推，一直依次取完序列中的所有元素，循环结束，执行循环结束后的语句。

例如将微信好友名单存储在列表 nameList 中，就可以用 for 循环读取列表中的每一个元素并输出，参考程序及运行结果如图 5.7 所示。

```
1  nameList=["张三","李四","王五","朱六"]
2  for name in nameList:
3      print(name)
```

```
Shell
>>> %Run nameList.py
张三
李四
王五
朱六
```

图 5.7　输出微信好友名单

用 for 循环解决问题的关键是确定序列、确定循环变量、确定循环体。在图 5.7 所示的程序中，序列是 nameList，循环变量是 name，循环体是 print(name)。

5.2.2　range 函数与 for 循环

如果需要遍历数字序列，既可以使用列表实现，也可以使用内置的会生成数列的 range() 函数实现。例如，用 for 循环输出数字 1 ~ 10，用列表实现的参考程序如图 5.8 所示，用 range() 函数实现的参考程序如图 5.9 所示。

```
printDigit.py
1  for number in [1,2,3,4,5,6,7,8,9,10]:
2      print(number,end=" ")
```

```
Shell
>>> %Run printDigit.py
1 2 3 4 5 6 7 8 9 10
```

图 5.8　用列表实现输出数字 1 ~ 10

```
printDigit.py
1  for number in range(1,11,1):
2      print(number,end=" ")
```

```
Shell
>>> %Run printDigit.py
1 2 3 4 5 6 7 8 9 10
```

图 5.9　用 range() 函数实现输出数字 1 ~ 10

在图5.9所示的程序中，range(1,11,1)生成了数列[1,2,3,4,5,6, 7,8,9,10]。

range()函数的基本语法格式如下所示。

```
range(start, stop, step)
```

start：计数从 start 开始。

stop：计数到 stop 结束，但不包括 stop。

step：步长。

例如range(1,5,1)生成的数列是[1,2,3,4]。

range()函数的另外两种写法如下所示。

（1）range(stop)

默认start为0，step为1。如range(5)等同于range(0,5,1)。

（2）range(start, stop)

默认step为1。如range(0,5)等同于range(0,5,1)。

5.2.3 for循环的应用

1. 案例实践1

某机器人比赛的运行轨道是由10条圆形轨道组成的，参考如下所示的程序可以绘制出这个运动轨道（注：from turtle import * 表示导入turtle模块），绘制结果如图5.10所示。

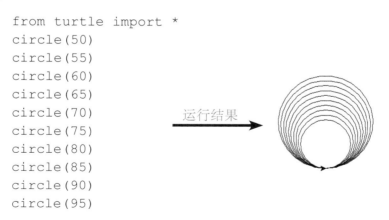

```
from turtle import *
circle(50)
circle(55)
circle(60)
circle(65)
circle(70)
circle(75)
circle(80)
circle(85)
circle(90)
circle(95)
```

运行结果 →

图5.10　绘制运动轨道

请用for循环改写程序。

思路分析：

在上面所示的参考程序中，重复使用 circle 语句执行了画圆，circle 的参数从 50 到 95，每次加 5，共执行 10 次，因此可以用 for 循环改写程序。

在改写的程序中：

序列是 [50,55,60,65,70,75,80,85,90,95]；

循环变量是序列中的每一个元素，初始值是 50，可以用 r 表示；

循环体是 circle(r)。

参考程序如下所示，程序中的序列是由 range() 函数生成的。

```
from turtle import *
for r in range(50,100,5):
    circle(r)
```

2. 案例实践2

将《骆驼祥子》中的一个片段存储在字符串类型的变量 message 中，存储的片段如下所示。

"他又恢复了他的静默寡言。一声不出的，他吃，他喝，他掏坏。言语是人类彼此交换意见与传达感情的，他没有意见，没了希望，说话干吗呢?除了讲价儿，他一天到晚老闭着口；口似乎专为吃饭喝茶与吸烟预备的。连喝醉了他都不出声，他会坐在僻静的地方去哭。几乎每次喝醉他必到小福子吊死的树林里去落泪；哭完，他就在白房子里住下。酒醒过来，钱净了手，身上中了病。他并不后悔；假若他也有后悔的时候，他是后悔当初他干吗那么要强，那么谨慎，那么老实。该后悔的全过去了，现在没有了可悔的事。"

要统计这段文字中"他"的个数，该如何编程实现？请把你的想法写在下面的横线上。

思路分析：可以用 for 循环逐个访问这段文字中的每一个字，一旦发现"他"，就进行计数。

参考程序及运行结果如图 5.11 所示。

```
 1  message="""他又恢复了他的静默寡言。一声不出的,
 2  他吃,他喝,他捣坏。言语是人类彼此交换意见与传达
 3  感情的,他没有意见,没了希望,说话干吗呢?除了讲
 4  价儿,他一天到晚老闭着口;口似乎专为吃饭喝茶与吸
 5  烟预备的。连喝醉了他都不出声,他会坐在僻静的地方
 6  去哭。几乎每次喝醉他必到小福子吊死的树林里去落泪;
 7  哭完,他就在白房子里住下。酒醒过来,钱净了手,身上
 8  中了病。他并不后悔;假若他也有后悔的时候,他是后悔
 9  当初他干吗那么要强,那么谨慎,那么老实。该后悔的
10  全过去了,现在没有了可悔的事。"""
11  count=0;
12  for str in message:
13      if str=="他":
14          count=count+1
15  print (count)
```
```
Shell
>>> %Run countStr.py
 15
```

图5.11　统计片段中"他"的个数

该程序中,序列是字符串message,每次从message中取出一个字符存储在循环变量str中,每次循环,都进行判断,一旦str中存储的是"他",就进行计数。

自测练习题

一、多项选择

for循环的基本语法格式如下所示:

for 循环变量 in 序列:

　　　循环体

其中,序列可以是(　　)。

　A.字符串　　　　　B.列表　　　　　C.其他有序组织在一起的数据元素的集合

二、编程实践

1. 如何用range()函数生成数字序列[1,2,3,4,5,6]?

2. 用for循环编程实现:计算1～100中所有偶数的和。

5.3　循环嵌套

for循环和while循环的循环体中也可以包含循环，我们称这种结构为循环嵌套。

【本节学习目标】

1. 理解循环嵌套的作用。
2. 理解循环嵌套的执行过程。
3. 学会根据具体情境利用循环嵌套解决问题。

5.3.1　循环嵌套的常见格式与执行过程

1. for循环内嵌套for循环

```
for 循环变量1 in 序列1：
    for 循环变量2 in 序列2：
        循环体
```

2. for循环内嵌套while循环

```
for 循环变量 in 序列：
    while 条件表达式：
        循环体
```

3. while循环内嵌套for循环

```
while 条件表达式：
    for 循环变量 in 序列：
        循环体
```

4. while循环内嵌套while循环

```
while 条件表达式1：
    while 条件表达式2：
        循环体
```

对于循环嵌套，外层的叫外循环，内层的叫内循环。

程序执行循环嵌套时，首先执行外循环，每执行一次外循环，需执行一个完整的内循环。

例如下面所示代码。

```
for i in range(3):
    for j in range(5):
        print("*",end=" ")
    print()
```

注：end=" " 表示输出结果后面连一个空格。

i对应的每一个值，都需要将红框里的代码执行一遍，而红框中包含了另一个for循环。

当i取0时，会执行内循环打印5个"*"，然后执行print()实现换行。

当i取1时，会执行内循环打印5个"*"，然后执行print()实现换行。

当i取2时，会执行内循环打印5个"*"，然后执行print()实现换行。

程序运行结果如图5.12所示。

```
>>> %Run printStar.py
 * * * * *
 * * * * *
 * * * * *
```

图5.12　程序运行结果输出"*"

本书所举的例子是二重循环(包含外循环和内循环)，循环嵌套也可以是更多重循环。

5.3.2 循环嵌套应用

用循环嵌套解决问题的关键是：找到重复执行的语句，当一个循环的循环体中有重复执行语句时，可以用循环嵌套；要注意区分内循环和外循环，找到它们之间的联系和规律。

1. 案例实践1

小明淘气，他给爸爸的计算机中的某个文件夹设了一个4位整数密码，他告诉爸爸："个位是2，十位是1，百位是3～5，千位是0～2，该密码能被7整除，能被8整除，还能被9整除"。你能编程帮小明爸爸解开密码吗？

		1	2

问题1：如果用i表示千位数字，用j表示百位数字，4位密码可以写成：

_____

问题2：i、j有多少种组合？

_____

问题3：请补充程序，并运行程序，写出结果，该4位密码为：

_____

```
for___in _____:
    for___in _____:
        digit=i*1000+j*100+10+2
        if (digit%7==0 and digit%8==0 and digit%9==0):
            print("Great!You get it! The digit is:",digit)
```

问题1的答案：i*1000+j*100+10+2。

问题2的答案：i、j的组合有03、04、05、13、14、15、23、24、25。当i为0时，j从3到5；当i为1时，j从3到5；当i为2时，j从3到5。i的每个值，对应相同的一组j值。i、j的每一种组合，都在重复判断除以7的余数、除以8的余数、除以9的余数是否为0。这个例子适合用循环嵌套来解决，重复执行的判断语句是内循环的循环体。

问题3的答案：参考程序如图5.13所示。

```
1  for i in [0,1,2]:
2      for j in [3,4,5]:
3          digit=i*1000+j*100+10+2
4          if (digit%7==0 and digit%8==0 and digit%9==0 ):
5              print("Great!You get it! The digit is:",digit)
Shell
>>> %Run guessPassword.py
 Great!You get it! The digit is: 1512
```

图5.13　破解密码的参考程序及运行结果

2. 案例实践2

在某服装店查询库存的程序中，在库商品以编号形式存在productList这个列表中。当输入商品编号时，会显示该商品剩余的件数；输入"over"，程序结束。你能编程实现这个程序吗？

问题1：这个程序可以用循环嵌套解决吗？

问题2：外循环变量、内循环变量分别是什么？它们之间有什么联系？

问题3：请编程实现。

问题1的答案：首先，这个例子中有循环，因为每次输入商品编号，只要输入值不是"over"，都是查找剩余件数。而在查找剩余件数时，又要重复地与序列中的值进行比较，即循环体中又包含重复执行的语句，因此这个程序可以用循环嵌套解决。

问题2的答案：外循环变量是商品编号，当商品编号不为"over"时，程序继续循环。内循环变量是productList列表中的每一个元素，一个商品编号要和列表中所有的元素比较一遍。内循环的循环体是比较列表元素和商品编号并计数。

问题3的答案：参考程序如图5.14所示。

```
2  productList=["178A","182C","001D","0058","0024","001D","182C","001D"]
3  product=input("请输入商品编号: ")
4  while(product!="over"):
5      count=0;
6      for i in productList:
7          if i==product:
8              count=count+1;
9      print("该商品库存数为: ",count,"件")
10     product=input("请输入商品编号: ")
11 print("Bye")

Shell
>>> %Run product.py
请输入商品编号: 178A
该商品库存数为:  1 件
请输入商品编号: 001D
该商品库存数为:  3 件
请输入商品编号: 179A
该商品库存数为:  0 件
请输入商品编号: over
Bye
```

图5.14　查库存的参考程序及运行结果

自测练习题

1. 设置密码时，如果忘记了8位密码中的2位，可以用二重循环找回。如果忘记了8位密码中的3位，需要用到几重循环呢？

2. 请用嵌套循环打印九九乘法表。

5.4　循环中止语句 break 与 continue

程序可以提前中止循环吗？答案是肯定的。我们可以用 break 语句直接结束循环，或用 continue 语句，跳过本轮循环中剩余的循环体（注：不结束循环，而是"跳"到下一轮循环）。

【本节学习目标】

1. 理解 break 语句的作用。

2. 理解 continue 语句的作用。

3. 学会根据具体情境利用循环中止语句解决问题。

5.4.1　break 语句

小明告诉爸爸，他给计算机中的文件夹设了一个密码，满足下面两个条件：密码大于等于1000，小于1600，且是在这个范围内第一个既能被7整除，又能被8整除，还能被9整除的数。请问你能算出小明设置的密码吗？

思路分析：遍历1000到1599之间的整数，一旦发现满足既能被7整除，又能被8整除，还能被9整除的数，就是小明设置的密码。

小明爸爸通过编程计算出了小明设置的密码是1008，参考程序及运行结果如图5.15所示。

```
1  for i in range(1000,1600):
2      print("当前检测的数是: ",i)
3      if i%7==0 and i%8==0 and i%9==0:
4          print("找到啦: ",i)
```

```
Shell
>>> %Run checkBreak.py
当前检测的数是: 1000
当前检测的数是: 1001
当前检测的数是: 1002
当前检测的数是: 1003
当前检测的数是: 1004
当前检测的数是: 1005
当前检测的数是: 1006
当前检测的数是: 1007
当前检测的数是: 1008
找到啦: 1008
当前检测的数是: 1009
当前检测的数是: 1010
```

图5.15　破解计算机中密码的参考程序及运行成果

　　但是，小明爸爸编写的程序有一个问题，即找到密码后还会继续运行，但显然找到密码后，程序继续运行就没有意义了，请问你能修改程序，使得密码被找到后，程序就结束运行吗？请说说你的思路。

　　思路分析：在if语句下使用break语句，就能实现找到密码后，程序结束运行，修改后的参考程序及运行结果如图5.16所示。

```
1  for i in range(1000,1600):
2      print("当前检测的数是: ",i)
3      if i%7==0 and i%8==0 and i%9==0:
4          print("找到啦: ",i)
5          break
```

```
Shell
>>> %Run checkBreak.py
当前检测的数是: 1000
当前检测的数是: 1001
当前检测的数是: 1002
当前检测的数是: 1003
当前检测的数是: 1004
当前检测的数是: 1005
当前检测的数是: 1006
当前检测的数是: 1007
当前检测的数是: 1008
找到啦: 1008
>>>
```

图5.16　修改后的破解计算机中密码的参考程序及运行成果（应用break语句）

5.4.2 continue语句

　　小明淘气，又修改了密码规则，他告诉爸爸，他把文件夹密码设成了一个4位整数，这个密码满足下面3个条件：最后一位一定不是8；大于等于1000，小于1600；既能被7整除，又能被8整除，还能被9整除。请问你能算出小明设置的密码吗？

　　思路分析：这个问题跟上一个相比，需要跳过最后一位数是8的整数。

　　如何实现不结束循环，而是跳过某次循环，直接进入下次循环呢？

　　我们可以利用continue语句来实现，参考程序及运行结果如图5.17所示，个位数为"8"的"1008"直接被跳过了，并没有参与后续的检测。

```
1  for i in range(1000,1600):
2      if i%10==8:
3          continue
4      print("当前检测的数是: ",i)
5      if i%7==0 and i%8==0 and i%9==0:
6          print("找到啦: ",i)
7          break
```
```
Shell

当前检测的数是: 1000
当前检测的数是: 1001
当前检测的数是: 1002
当前检测的数是: 1003
当前检测的数是: 1004
当前检测的数是: 1005
当前检测的数是: 1006
当前检测的数是: 1007
当前检测的数是: 1009
```

图5.17　修改后的破解计算机中密码的参考程序及运行成果（应用continue语句）

5.4.3 break语句和continue语句的比较

请写出下面两段程序的运行结果。

sum=0
for i in range(1,10):
　　if(i%2==0):
　　　　break
　　sum+=i
print("结果是: ",sum)
	sum=0
	for i in range(1,10):
	　　if(i%2==0):
	　　　　continue
	　　sum+=i
	print("结果是: ",sum)

运行结果: ＿＿＿＿＿＿＿＿	运行结果: ＿＿＿＿＿＿＿＿

思路分析：左边的程序，一旦发现偶数，整个循环就会被中止，因此，真正参入求和的数只有1；右边的程序，一旦发现偶数，则跳出本次循环剩余的循环体，进入下一轮循环，因此，真正参入求和的数有1、3、5、7、9，求和结果是25。

左边程序的运行结果如图5.18所示。

```
1  sum=0
2  for i in range(1,10):
3      if(i%2==0):
4          break
5      sum+=i
6  print("结果是",sum)
```
```
Shell

>>> %Run testBreak.py
结果是 1
```

图5.18　左边程序的运行结果

右边程序的运行结果如图5.19所示。

```
1  sum=0
2  for i in range(1,10):
3      if(i%2==0):
4          continue
5      sum+=i
6  print("结果是",sum)

Shell
>>> %Run testBreak.py
 结果是 25
```

图5.19　右边程序的运行结果

5.4.4　break语句和continue语句只能作用于一层循环

运行图5.20所示的程序，我们发现即使已经猜到了密码，程序还会继续循环，这不合理。

```
1  for i in [0,1,2]:
2      for j in [3,4,5]:
3          digit=i*1000+j*100+10+2
4          print("本轮猜的密码是： ",digit)
5          if (digit%7==0 and digit%8==0 and digit%9==0 ):
6              print("Great!You get it! The digit is:",digit)

Shell
>>> %Run guessPassword.py
 本轮猜的密码是：  312
 本轮猜的密码是：  412
 本轮猜的密码是：  512
 本轮猜的密码是：  1312
 本轮猜的密码是：  1412
 本轮猜的密码是：  1512
Great!You get it! The digit is: 1512
 本轮猜的密码是：  2312
 本轮猜的密码是：  2412
 本轮猜的密码是：  2512
```

图5.20　破解密码程序

请问，如果在if语句下面加一句break语句，能结束整个循环吗？为什么？

在if语句下面加一句break语句并运行程序，运行结果如图5.21所示。

```
1  for i in [0,1,2]:
2      for j in [3,4,5]:
3          digit=i*1000+j*100+10+2
4          print("本轮检测的密码是：",digit)
5          if (digit%7==0 and digit%8==0 and digit%9==0 ):
6              print("Great!You get it! The digit is:",digit)
7              break
```

```
Shell
>>> %Run guessPassword.py
 本轮检测的密码是：  312
 本轮检测的密码是：  412
 本轮检测的密码是：  512
 本轮检测的密码是：  1312
 本轮检测的密码是：  1412
 本轮检测的密码是：  1512
 Great!You get it! The digit is: 1512
 本轮检测的密码是：  2312
 本轮检测的密码是：  2412
 本轮检测的密码是：  2512
```

图5.21　破解密码程序（应用break语句）

加上break语句，并没有实现我们预期的效果。这是因为break语句和continue语句仅能作用于它所在的一层循环。在图5.21所示的参考程序中，break语句是在内循环的循环体中，因此仅能结束内循环，不能结束外循环。

怎样修改程序能实现我们预期的效果呢？请写下你的思路。

思路分析：将外循环的for循环改为while循环，即一旦找到密码，就修改外循环变量，使得外循环条件不成立。修改后的参考程序及运行结果如图5.22所示。

```
guessPassword.py
1  i=0
2  while i<3:
3      for j in [3,4,5]:
4          digit=i*1000+j*100+10+2
5          print("本轮检测的密码是：",digit)
6          if(digit%7==0 and digit%8==0 and digit%9==0):
7              print("Great!You get it! The digit is:",digit)
8              i=2
9              break
10     i=i+1
```

```
Shell
Python 3.7.7 (bundled)
>>> %Run guessPassword.py
 本轮检测的密码是：  312
 本轮检测的密码是：  412
 本轮检测的密码是：  512
 本轮检测的密码是：  1312
 本轮检测的密码是：  1412
 本轮检测的密码是：  1512
 Great!You get it! The digit is: 1512
>>>
```

图5.22　破解密码程序（外循环使用while循环）

在图5.22所示的程序中，一旦找到密码，就将2赋给i，且通过break语句结束内循环。这样在执行i=i+1后，i的值就是3，外循环的while循环条件i<3也不成立，循环结束，不会再检测其他的数字。

5.4.5　循环中止语句的应用

某手机银行密码设置规则是：密码输入正确则成功登录，用户有5次试错机会，如果连续5次输入密码错误，则账号会被锁死，实现这一功能的参考程序及运行结果如图5.23所示。

```
1  passWord="123456"
2  count=0
3  for i in range(5):
4      x=input("请输入密码：")
5      if x==passWord:
6          print("登录成功！")
7      else:
8          print("密码错误，请重试！")
9  print("超出密码输入次数上限，账号已被锁定！")
```

```
Shell
>>> %Run inputPassword.py
请输入密码：456789
密码错误，请重试！
请输入密码：123456
登录成功！
请输入密码：
```

图5.23　登录某手机银行的参考程序及运行结果

问题1：程序利用for循环，可以让用户有5次输入密码的机会，但是输入正确密码后，程序依然会提示"请输入密码："，如何修改程序使它在用户输入正确的密码后，不再提示"请输入密码："？

思路分析：在if语句下加一行break语句就可以使程序在用户输入正确的密码后，不再提示"请输入密码："，参考程序如图5.24所示。

```
1  passWord="123456"
2  for i in range(5):
3      x=input("请输入密码：")
4      if x==passWord:
5          print("登录成功！")
6          break
7      else:
8          print("密码错误，请重试！")
9  print("超出密码输入次数上限，账号已被锁定！")
```

```
Shell
>>> %Run inputPassword.py
请输入密码：456789
密码错误，请重试！
请输入密码：123456
登录成功！
超出密码输入次数上限，账号已被锁定！
```

图5.24　登录某手机银行的参考程序及运行结果（应用break语句）

问题2：修改程序后，当跳出循环时，程序就会提示"超出密码输入次数上限，账号已被锁定！"，请问该如何继续修改程序？

思路分析：添加一个变量，对用户登录成功的情况进行标记，在程序结束后再加一个判断语句，参考程序如图5.25所示。

```
1  passWord="123456"
2  signIn=False
3  for i in range(5):
4      x=input("请输入密码：")
5      if x==passWord:
6          print("登录成功！")
7          signIn=True
8          break
9      else:
10         print("密码错误，请重试！")
11 if not signIn:
12     print("超出密码输入次数上限，账号已被锁定！")
```

```
Shell
>>> %Run inputPassword.py
请输入密码：123567
密码错误，请重试！
请输入密码：908765
密码错误，请重试！
请输入密码：986043
密码错误，请重试！
请输入密码：897654
密码错误，请重试！
请输入密码：90865
密码错误，请重试！
超出密码输入次数上限，账号已被锁定！
>>> %Run inputPassword.py
请输入密码：7685
密码错误，请重试！
请输入密码：123456
登录成功！
```

图5.25　登录手机银行的参考程序及运行结果（应用变量标记登录成果的情况）

自测练习题

一、判断

1. break 语句的功能是结束该语句所在循环。（　　）

2. continue 语句的功能是跳过本轮循环，进入下一轮循环。（　　）

二、编程实践

将某商品评论存储在commentList列表中，要统计在第一个"差评"出现前的好评总数，该如何用编程实现？

commentList=["好评","好评","中评","差评","中评","好评","好评","好评"]

第5章自测试卷

一、填空（35分，每空5分）

1. while循环的特点是只要_____就一直重复，直到_____才结束循环。

2. for循环的重复次数是_____，通常用于遍历_____（如字符串、列表、元组等）中的元素。

3. for循环和while循环的循环体中也可以包含循环，这称为_____。

4. 可以利用_____语句、_____语句提前中止循环。

二、单项选择（20分，每题10分）

1. 下面的程序的输出结果为（　　）。

```
count=1
value=31
while value>=10:
    value=value-count
    count=count+3
print(value)
```

　　A. 4　　　　　　B. 9　　　　　　C. 10　　　　　　D. 31

2. 下面的程序的输出结果为（　　）。

```
x=10
y=0
while x>5:
    y=3
    while y<x:
        y=y*2
        if y%x==1:
            y=y+x
    x=x-3
print(x," ",y)
```

　　A. 1　6　　　　　B. 7　12　　　　　C. -3　6　　　　　D. 4　12

三、改错（30分，每题10分）

1. 小明通过Python编程计算1到100的和，运行程序时，系统提示出错，请问错误的原因是什么？该如何修改？

```
1  sum=0
2  i=0
3  while i<101
4      sum=sum+i
5      i=i+1
6  print(sum)
```
```
Shell
      while i<101
               ^
SyntaxError: invalid syntax
```

2. 要输出1 ~ 100中所有的偶数，小明编写的程序如下所示，请问有什么问题吗？如果有，应该如何修改？

```
for i in range(2,100,2):
    print(i,end=" ")
```

3. 想要输出如下所示的图案，请问参考程序存在什么问题吗？

```
★
★  ★
★  ★  ★
★  ★  ★  ★
★  ★  ★  ★  ★
```

```
i=0
while i<5:
    j=0
    while j<=i:
        print("*",end=" ")
    print()
    i=i+1
```

四、编程实践（15分）

某商场的自动测温系统可以对来访人员测温（无人数限制），当测得的温度正常时，提示"请通过！"，当测得的温度大于等于37.3℃时，则提示"请人工复测体温！"。请编程实现这一功能。

第6章　简单算法

算法是什么？学习算法能够帮助我们做些什么？计算机程序语言中有哪些经典的算法呢？这些算法如何利用Python来实现呢？本章，我们将一起学习算法，应用算法编程，解决具体问题，体验算法的魅力！

6.1 算法与解决问题

【案例导入】

在生活中，我们经常会使用算法解决问题。例如，做菜时使用的菜谱就蕴含着算法的思想。

（1）将鸡腿放入碗中，撒入奥尔良调料（500克鸡腿约需撒入100克调料），利用筷子或手将鸡腿和调料拌匀。

（2）将200毫升色拉油倒入锅中，将油加热到200℃。

（3）将鸡腿依次放入锅中煎炸，直至鸡腿表面呈现出金黄色。

（4）向锅中撒入少许盐（500克鸡腿约需撒入5克盐）。

（5）约两分钟后取出鸡腿。

在你看来，算法是什么呢？你还能尝试列举出几个生活中用到的算法吗？请将你的想法填写在下面的横线上。

_____

_____

_____

_____

【本节学习目标】

1. 认识算法的概念，理解算法在问题解决中的作用。

2. 知道算法的一般特征。

3. 学会算法的描述方法。

6.1.1　算法的概念

算法，拆文解字，就是指计算的方法，我们利用这种方法来解决问题。从计算机程序设计的角度来说，算法是指根据输入求得有效的输出结果，是一系列求解问题的指令集合。简单来说，算法就是解决某类特定问题确定的、可行的、有限的步骤。算法能够帮助我们掌握解决特定问题的规律和方法，是我们解决问题的重要手段。

6.1.2　算法的一般特征

● 想一想：下面所示是两份炸鸡腿的菜谱，请你仔细观察，两份菜谱有什么不同，并将发现的不同写在下面的横线上。

（1）将油倒入锅中加热。 （2）把鸡腿放入油锅中炸至金黄。 （3）放入少许盐后出锅。

（1）将鸡腿放入碗中，撒入奥尔良调料（500克鸡腿约需撒入100克调料），利用筷子或手将鸡腿和调料拌匀。 （2）将200毫升色拉油倒入锅中，将油加热到200℃。 （3）将鸡腿依次放入锅中煎炸，直至鸡腿表面呈现出金黄色。 （4）向锅中撒入少许盐（500克鸡腿约需撒入5克盐）。 （5）约两分钟后取出鸡腿。

_____

_____

_____

_____

通过对比，你能够发现算法的特征吗？算法是指有效的求解方法，一般具有以下特征。

1. 有穷性

有穷性指算法的步骤是有限的，需要在有限的执行次数后终止，以求得问题的解。例如，炸鸡腿的菜谱，不论鸡腿的数量有多少，执行的步骤都是有限的，不会无限循环下去。

2. 确定性

在算法中，每个步骤必须有确定的含义，不可模糊不清、存在歧义。例如，左侧的炸鸡腿菜谱的描述就不够准确，不同的人在做炸鸡腿时可能会有不同的理解，从而影响成品的口感。

3. 可行性

可行性是指算法的每一个步骤都是可以执行的，可以被分解为计算机可执行的基本操作。简单来说，就是算法可以被计算机执行，根据算法可以得出结果。

4. 有输入

从计算机程序设计的角度来说，算法是指根据输入获得有效输出。因此，算法一般有0个（算法本身定出了初始条件）或多个输入。

5. 有输出

算法是求解问题的步骤的集合，输出就是指根据输入进行处理后，得到的结果。一个算法有一个或多个输出。

6.1.3 算法的描述方法

算法的描述方法有很多种，例如我们可以用文字表达出来、用图形绘制出来等。常用的描述算法的方法有借助自然语言、流程图、伪代码等。

1. 借助自然语言描述算法

自然语言是指我们生活中所用的交流语言，例如中文、英文等。对于一些较为简单的问题，我们可以采用自然语言来描述其具体的步骤，使得算法通俗易懂。例如，像我们之前所用的菜谱就是一种自然语言，或如下面所示的"求解两个数的和"也是借助自然语言来描述算法的。但是用自然语言描述复杂问题的算法时，叙述较为冗长，直观性较差。

- 问题：求解两个数的和
- 算法：（1）输入两个数字 a 和 b。

  （2）计算 s=a+b。

  （3）输出 s。

2. 借助流程图描述算法

流程图是一种利用图形来描述算法的方式，相比于自然语言，这种方式更为直观与清晰。其实，在我们之前学习的章节中，大家已经接触过利用流程图描述算法了。在流程图中，我们利用不同的图形表示不同种类的操作（见表6.1），例如圆角矩形代表起始和结束，用平行四边形代表输入和输出，用菱形代表判断操作，用矩形代表处理操作等。

表6.1　流程图中的图形

图形		
名称	起止框	输入输出框
图形		
名称	判断框	处理框

● 试一试：将左侧的算法利用流程图描述出来，并将其绘制在右侧的方框中。

问题：求解两个数的和

算法：（1）输入两个数字a和b。

（2）计算s=a+b。

（3）输出s。

3. 借助伪代码描述算法

伪代码介于自然语言和程序语言之间，是一种常用的算法表示方法，没有具体的语法要求。伪代码是我们根据自己的思维用自然语言的方式表达出来的，对于同一个问题，每个人所写的伪代码有可能是不一样的。有一点要特别注意，虽然被称为伪代码，但它是不可以在计算机上运行的，只是将我们的思想利用代码的风格描述出来。如下所示是用伪代码描述"求解两个数的和"。

问题：求解两个数的和

算法：（1）a　用户输入

（2）b　用户输入

（3）s　a+b

（4）输出s

自测练习题

一、选择

1. 算法是求解问题的步骤，可以是无穷的。（　　　）

　　A. 对　　　　　　　　　B. 错

2. 以下哪个或哪些是常用的算法描述方式？（　　　）

　　A. 流程图　　　　　B. 伪代码　　　　　C. 自然语言

二、画流程图

请利用流程图描述"判断输入的数字是否为偶数"的算法。

6.2　解析算法

【案例导入】

请观察图6.1所示的3个算法，它们之间有没有什么共同点呢？请将你的想法填写在下面的横线上。

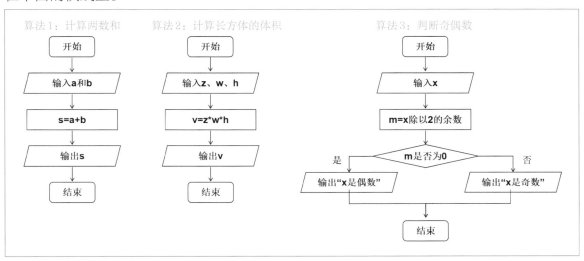

图6.1　3个算法

【本节学习目标】

1. 理解解析算法的核心思想。
2. 能够识别解析算法。
3. 学会运用解析算法求解问题。

6.2.1 解析算法的核心思想

解析算法是常见的算法之一，指在解决问题时，建立起始条件和求解结构之间的数学表达式，通过计算表达式的方法解决问题。例如，本节案例导入里的3个算法都属于解析算法。在解决许多问题时，我们可以将其抽象成数学模型，找到数学表达式，从而利用计算机强大的计算能力快速获得结果。

6.2.2 利用解析算法解决问题

刚刚我们了解了什么是解析算法，现在就让我们来体验一下如何利用解析算法解决问题吧！我们以根据用户的身高、体重求解BMI值为例，从问题分析、算法设计、程序实现这3个过程，带大家体会解析算法。

1. 问题分析

已知条件：身高、体重

求解结果：BMI值

数学表达式：BMI值 = 体重(kg)/ 身高^2(m^2)

2. 算法设计

在求解本问题中，我们要获取身高和体重两个数值，通过计算求出BMI值。根据BMI值，给出体质判断，从而帮助用户了解自身的情况。在描述算法时，大家可以选择自然语言、流程图、伪代码等形式，这里我们以流程图为例进行描述（见图6.2）。

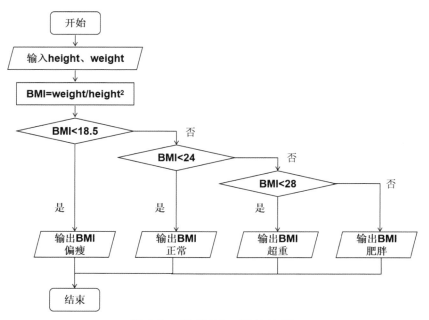

图6.2　计算BMI值的流程

3. 程序实现

接下来，就请大家根据算法设计，尝试利用编程实现对这个问题的求解，参考程序如下所示。

```
height = eval(input("请输入身高(m): "))
weight = eval(input("请输入体重(kg): "))
BMI = weight/pow(height, 2)
state=" "
if BMI < 18.5:
    state = "偏瘦"
elif BMI < 24:
    state = "正常"
elif BMI < 28:
    state = "超重"
else:
    state = "肥胖"
print("BMI 指标为:",BMI)
print("身体状况为",state)
```

生活中的许多问题都可以利用解析算法来解决。在解决问题时，要善于寻找已知条件和求解结果之间的关系，借助数学表达式快速获得结果。

自测练习题

选择

1. 解析算法的核心是（　　　）。

 A. 判断输入的信息

 B. 分析已知条件和求解结果的关系，建立数学表达式

 C. 将每一种可能的情况都列举出来

2. 以下哪些问题适合利用解析算法求得结果？（　　　）

 A. 计算两个电阻的并联电阻值　　　B. 计算每月还房贷的金额

 C. 计算全班同学的平均分　　　D. 人民币和美元的兑换计算器

6.3　枚举算法

【案例导入】

小明不小心将自己柜子的钥匙混入11把一模一样的钥匙中，这要如何才能够找出柜子的钥匙呢？

显然，对于这类问题，我们无法再通过解析算法获取结果，只能够一次一次尝试得出结果，这就是枚举算法。

【本节学习目标】

1. 理解枚举算法的核心思想。

2. 能够识别枚举算法。

3. 学会运用枚举算法求解问题。

6.3.1　枚举算法的核心思想

枚举算法是指根据问题，依次列出符合条件的所有情况，然后再一次一次判断每个情况或者答案是否合适，如果合适就保留，否则就去除。在列举时，要特别注意的是，不能漏掉答案，也不能重复答案。在使用枚举算法时，主要完成两个步骤的工作：确定枚举的对象、范围及判定条件；依次判断每个解是否符合需求。

6.3.2　利用枚举算法解决问题

枚举算法是我们经常会使用的一种算法，现在就让我们来体验一下如何利用枚举算法解决问题吧！我们以统计某门课不及格人数为例，带大家从问题分析、算法设计、程序实现这3个过程体会解析算法。

1. 问题分析

已知条件：某门课成绩（只有及格、不及格两种情况）

求解结果：不及格人数

2. 算法设计

根据问题，我们要一一列举每个学生的成绩，来判断是否不及格，从而确定不及格人数。程序流程如图6.3所示。

3. 程序实现

接下来，就请大家根据算法设计，尝试利用编程实现对这个问题的求解，参考程序如下所示。

```
list=[" 及格 ", " 及格 ", " 及格 ", " 及格 ",
" 及格 ", " 及格 ", " 及格 ", " 不及格 ", " 及格 ",
" 及格 "]
num=0
for x in list:
    if x==" 不及格 ":
        num=num+1
print(num)
```

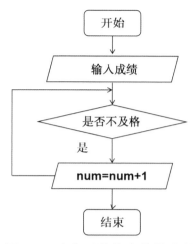

图6.3 确定不及格人数的流程

枚举算法可以通过列举符合条件的情况寻找问题的解。但由于需要一一验证每种情况，枚举算法的运算量较大，效率较低。我们在使用枚举算法时，可以考虑优化算法，例如缩小枚举范围、提升效率等。

自测练习题

选择

1. 枚举算法的核心思想是（ ）。

A. 判断输入的信息

B. 分析已知条件和求解结果的关系，建立数学表达式

C. 根据需求依次列出所有情况，再一一判断每个情况或答案是否合适

2. 以下哪个或哪些问题可以利用枚举算法解决？（ ）

A. 寻找1000以内的偶数

B. 寻找遗忘的数字密码

C. 计算圆的面积

6.4 案例实践：最大公约数

在前面的学习中，我们已经初步认识了算法，并学习了解析算法和枚举算法的使用方法，现在让我们尝试着自己编写一个算法来解决问题吧。

最大公约数是指多个整数共有的约数中最大的一个约数。求最大公约数的方法有很多种，今天我们以解析算法中的辗转相除法（欧几里得算法）和枚举算法为例，利用 Python 来进行编程实践。

【本节学习目标】

学会根据问题，选择不同的算法，编写求最大公约数的程序。

6.4.1 解析算法：辗转相除法

辗转相除法，又称欧几里得算法，可以用来求两个正整数的最大公约数。古希腊数学家欧几里得最先描述这种算法：两个整数的最大公约数等于较小数和两个数字相除所得余数的最大公约数。

画一画：请大家想一想解决这个问题的算法是什么，并将算法的流程图画在下方的方框内。

1. 算法设计

用辗转相除法求最大公约数的流程如图6.4所示。

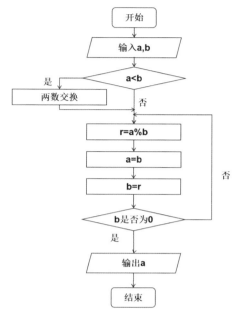

图6.4 用辗转相除法求最大公约数的流程

2. 编程实现

根据算法流程图，编写程序，参考程序如下所示。

```python
a = int(input("请输入第一个整数： "))
b = int(input("请输入第二个整数： "))
if a < b:
    t = a
    a = b
    b = t
while b != 0:
    r = a % b
    a = b
    b = r
print('两个整数的最大公约数：', a)
```

6.4.2 枚举算法

如果不知道辗转相除法，还能求出两个数字的最大公约数吗？大家想一想自己在算最大公约数时，都用到了什么方法呢？其实，我们不妨先假设两个数字中的较小数为最大公约数，接着看看两个数字是否能同时被较小数整除，如果能，则较小数就是最大公约数；如果不能，我们将较小数减1，再判断两个数字能否被这个数整除，循环判断，直到两个数字能同时被整除时，结束程序。

画一画：请大家想一想利用枚举法求最大公约数的流程图是什么样子的，并尝试将算法流程图画在下方的方框中。

1. 算法设计

用枚举算法求最大公约数的流程如图6.5所示。

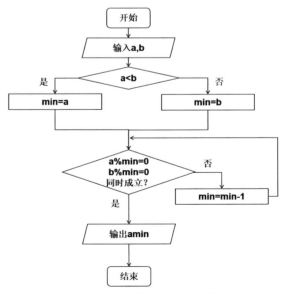

图6.5　用枚举法求最大公约数的流程

2. 编程实现

根据算法流程图，编写程序，参考程序如下所示。

```
a = int(input("请输入第一个整数： "))
b = int(input("请输入第二个整数： "))
if a < b:
    min = a
else:
    min = a
while (1):
    if(a%min==0 and b%min==0):
        break
    else:
        min=min-1
print('两个整数的最大公约数：', min)
```

第6章自测试卷

一、选择（10分，每题5分）

1. 算法的一般特征是（　　）。

　　A. 有穷性　　　　B. 确定性　　　　C. 可行性　　　　D. 有输入　　　E. 有输出

2. 流程图中代表判断的图形是（　　）。

　　A. 矩形　　　　　B. 菱形　　　　　C. 圆角矩形　　　D. 平行四边形

二、填空（30分，每空5分）

1. 常用的算法描述方法有：_____、_____、_____。

2. 枚举算法在列举时要注意_____、_____。

3. 解析算法的核心思想在于_____。

三、编程实践（60分）

1. 某个5位的单据号缺少了个位数，目前知道这个单据号的前4位是2545，且单据号是37或67的倍数，请设计一个算法，输出所有满足条件的5位数。（20分）

2. 公鸡5文钱一只，母鸡3文钱一只，小鸡3只一文钱，用100文钱买100只鸡，且公鸡、母鸡、小鸡都必须有，问公鸡、母鸡、小鸡要买多少只能刚好凑足100文钱。（40分）

第 7 章　常用模块与应用

用 Python 能编写游戏吗？没问题，调用 pygame 模块就可实现编写游戏。用 Python 能画图吗？没问题，调用 turtle 模块就可实现画图。用 Python 能实现人脸识别吗？没问题，调用 face_recognition 模块就可实现人脸识别。

Python 之所以强大，最重要的原因是 Python 有很丰富的模块，可以比较方便地处理各种各样的问题。下面我们将了解模块，并尝试用模块解决问题。

7.1　模块概念与导入

【本节学习目标】

1. 知道模块的概念、作用和种类。
2. 熟悉常用标准模块及其功能。
3. 会导入相关的模块来解决问题。

7.1.1　什么是模块

什么是模块呢？我们可以把模块简单理解为一个扩展名为 .py 的文件，这个文件是一组 Python 程序的集合，我们通过 import 导入模块就可以使用模块里的程序，这样就可以减少重复的工作，模块中的程序也可以达到重复使用的目的。

● 体验活动：在交互窗口输入图 7.1 所示的程序，求解 4 的阶乘。

```
>>> import math
>>> math.factorial(4)
24
```

图 7.1　求解 4 的阶乘

体验活动中的 math 是 Python 内置的一个模块，该模块提供了许多浮点数的数学运算函数。import 是用来导入模块的，程序导入模块后就可以使用模块里的程序，如导入图 7.1 所示的 factorial () 函数，就可以计算 4 的阶乘。

7.1.2　为什么要使用模块

我们发现一旦退出再重新进入 Python 解释器，之前定义的变量或函数都将丢失，因此我们通常将程序写到文件中保存下来。随着程序的发展，功能越来越多，为了方便管理，我们将这些实现某些特定功能的程序存成一个个模块文件，在需要时导入新程序，从而实现功能的重复利用。这样做最大的好处是编写程序不必从零开始，提高了程序的可维护性。

7.1.3 模块从哪里来

Python从诞生之日起，就提供扩展接口，鼓励参与者通过编写"库"来扩展其功能，能解决各种问题的模块源源不断地由参与者们制造并分享。这些丰富的模块是Python的优势之一，也是Python广受欢迎的重要原因。如果我们试图利用Python解决问题，可以先搜索一下有没有现成的模块可以使用。当然，我们也可以自己编写模块并分享给他人。

7.1.4 模块分类

根据使用情况的不同，模块可以分为3类：标准模块（又称标准库）、第三方开源模块、自定义模块。

● 标准模块是Python自带的，是随解释器直接安装到操作系统中的功能模块。例如，我们安装好Thonny后，自带模块math随之也已经安装到操作系统中，无须另行安装。

● 第三方开源模块：第三方开源模块是由他人所编写的，这些模块需要自行安装才能使用。

● 自定义模块：由自己编写的功能模块。

7.1.5 常见标准模块

Python提供了大量的标准模块，用来完成多种工作。

1. time模块

time模块能够获取计算机中的时钟信息。time模块中的strftime()函数可以获取并输出当前的日期和时间。

体验活动：在交互窗口输入图7.2所示的程序，输出当前的日期和时间。

```
>>> import time
>>> time.strftime('%Y-%m-%d')
'2020-12-22'
```

图7.2 输出当前的日期和时间

在这个体验活动中，我们发现time.strftime('%Y-%m-%d')函数可以按指定格式输出当前日期和时间'2020-12-22'。

此外，我们还可以使用time模块中的perf_counter()函数返回计时器的精准时间，用time()函数返回当前时间的时间戳（时间戳是从1970年1月1号 00：00：00开始到现在按秒计算的偏移量）等（见图7.3）。

```
>>> import time
>>> time.perf_counter()
1377.7166629
>>> time.time()
1608600370.149657
```

图7.3　time模块函数

2. math模块

math模块是Python语言中的数学模块，我们可以通过它使用更多的数学函数，如求平方根sqrt(x)、求绝对值fabs(x)、幂运算pow(x，y)、求最大公约数gcd(x，y)、阶乘factorial(x)。

体验活动：在交互窗口输入图7.4所示的程序，体验数学公式。

```
>>> import math
>>> math.sqrt(25)
5.0
>>> math.fabs(-3)
3.0
>>> math.pow(2,4)
16.0
>>> math.gcd(18,12)
6
>>> math.factorial(5)
120
```

图7.4　体验math模块

3. random模块

random模块可以生成随机数，这个模块经常用于游戏中。

体验活动：利用random模块生成随机数（见图7.5）。

```
>>> import random
>>> random.random()
0.8696162905578538
>>> random.randint(10,20)
12
>>>
```

图7.5　体验random模块

在上面的体验活动中，我们利用模块中的random()函数生成了一个0~1的随机浮点数，利用randint()函数生成了指定范围的随机整数。

此外，我们还可以利用shuffle()函数将列表中的元素随机打乱，利用choice()函数从序列中随机抽取一个元素（见图7.6）。

```
>>> p=[1,2,3,4,5]
>>> random.shuffle(p)
>>> p
[5, 4, 3, 1, 2]
>>> random.choice('abcdefg&#%^*f')
'^'
```

图7.6　体验random模块中的函数

4. turtle模块

turtle模块是Python语言中一个绘图函数模块，我们使用它可以方便地绘制图形，利用penup()函数和pendown()函数抬起和放下画笔，利用circle()函数绘制圆形或者弧形，利用fillcolor()函数填充颜色，利用speed()函数设置画笔的速度，从而实现精准的绘制。

体验活动：请在本书配套资源名为"7.1程序"的文件夹（下载地址见目录）中找到程序lion.py，打开并运行这个程序，我们可以看到程序画了一个卡通狮子头（见图7.7）。

图7.7　lion.py的运行效果

7.1.6 模块的导入（以标准模块为例）

创建一个模块后，我们可以从另一个文件中导入它来直接使用。导入的操作可以通过import语句来实现。导入模块的实质是把Python文件从头到尾执行一遍。

1. import语句

模块只会被导入一次。多次导入模块，只执行一次。

import的基本语法格式：

`import  模块名称`

我们可以在交互窗口，通过导入模块来判断模块是否会被成功导入。如果执行导入模块语句后没有提示，则表示模块可以使用（见图7.8）。

```
Python 3.7.7 (bundled)
>>> import time
>>> |
```

图7.8　模块导入成功

如果执行导入模块语句后，出现图7.9所示的提示，则表示模块不存在，需要安装才可使用。

```
>>> import pandas
Traceback (most recent call last):
  File "<pyshell>", line 1, in <module>
ModuleNotFoundError: No module named 'pandas'
>>> |
```

图7.9　模块导入失败

2. import语句的两种使用方式

（1）import 模块名1 [as 别名1], 模块名2 [as 别名2], …

使用这种语法格式的 import 语句，会导入指定模块中的所有成员（包括变量、函数、类等）。不仅如此，当需要使用模块中的成员时，需用该模块名（或别名）作为前缀，否则 Python 解释器会报错。

体验活动：导入模块并指定别名，参考程序如图7.10所示。

```
>>> import math as m
>>> m.modf(3.5)
(0.5, 3.0)
>>> modf(3.5)
Traceback (most recent call last):
  File "<pyshell>", line 1, in <module>
NameError: name 'modf' is not defined
```

图7.10　导入模块并使用别名

在上面的体验活动中，我们导入math整个模块，并指定别名为m，使用m作为前缀来调用模块成员，调用的函数是 modf(x)，它的作用是返回 x 的小数部分和整数部分，两个返回值都为浮点型，且与 x 的正负符号相同。

在调用模块函数时，要注意使用"模块名.函数"的方式进行调用，例如 m.modf(x)，如不使用这种方式调用，而是直接使用 modf(3.5)，则程序会报错。

（2）from 模块名 import 成员名 1 [as 别名 1]，成员名 2 [as 别名 2]，…

使用这种语法格式的 import 语句，只会导入模块中指定的成员，而不是全部成员。因此，当程序中使用该成员时，无须附加任何前缀，直接使用成员名（或别名）即可。

如要导入指定模块中的所有成员，可以使用 form 模块名 import * 。

体验活动：导入 math 模块的 modf 成员，参考程序如图 7.11 所示。

```
>>> from math import modf as mo
>>> mo(3.5)
(0.5, 3.0)
```

图 7.11　导入模块中的成员

在刚刚的体验中，大家有没有发现，在调用函数时直接调用 mo() 即可，无须添加 math 作为前缀。这是因为我们通过 from…import…语句导入 math 模块的 modf 成员，并为其指定别名为 mo。使用导入成员并指定别名这种方法，可以直接使用成员的别名访问。

7.1.7　自定义模块

1. 自定义模块

我们自定义一个模块，并把这个模块的名字设为"myprint.py"，参考程序如图 7.12 所示。

```
myprint.py
1  def print_myself(str):
2      print(str)
3      print("from Lusy")
4      return
```

图 7.12　自定义模块 myprint.py

这个模块里定义了 print_myself() 函数，它实现的功能是打印输入的参数并在后面再加上一行自定义打印的文字"from Lusy"。

2. 导入自定义模块并调用模块中函数

下面我们可以调用刚才自定义的myprint.py模块。

体验活动：创建一个新的文件，调用自定义模块，并将程序保存为hello.py，参考程序如图7.13所示。

```
hello.py
1  import myprint
2  myprint.print_myself("hello world")
```

图7.13　调用自定义模块

最终的运行结果如下所示。

```
>>> %Run hello.py
hello world
from Lusy
```

7.1.8 标准模块小练习

1. 练习1：利用延迟函数，精准控制输出时间

创建一个新文件，将如下所示的程序输入文件并保存，观看输出结果，体会延迟函数的功能。

```
import time
print("1")
time.sleep(4)
print("2")
```

实践后发现，程序输出第一个结果1后会暂停一段时间再输出结果2。

2. 练习2：生成一个1～10的随机整数

创建一个新文件，将如下所示的程序输入文件并保存，观看输出结果，体会随机函数的功能。

```
import random
print(random.randint(1,10))
```

实践后发现，此文件会随机产生一个1～10的整数。

自测练习题

一、单项选择

1. 在Python语言中，能够导入模块的语句是（ ）。

A. input B. print C. import D. while

2. 在Python中调用哪个模块中的相关函数可以实现求实数的平方根？（ ）

A. random-abs B. random-sqrt

C. math-sqrt D. math-abs

3. 标准模块是Python自带的模块，不用导入，可以直接使用。这个说法是（ ）的。

A. 正确 B. 错误

二、编程实践

编写一个可以随机生成学号并提问该学号学生回答问题的小程序（班内共有40名学生）。

7.2 标准模块 tkinter 与图形用户界面程序

　　图形用户界面（Graphical User Interface，GUI，又称图形用户接口）是指采用图形方式显示的计算机操作用户界面。与通过键盘输入文本或字符命令来完成任务的命令行界面（或称字符界面）相比，图形用户界面有许多优点，图形用户界面由窗口、下拉菜单、对话框及其相应的控制机制，允许用户使用鼠标等输入设备操作屏幕上的图标或菜单选项，以选择命令、调用文件、启动程序或执行其他任务。对于使用者来说，图形用户界面在视觉上直观形象，更易于接受，操作起来也更加便捷。Python 提供了多个开发图形用户界面的模块。本节课我们将重点学习 Python 自带的 GUI 工具——tkinter。

【本节学习目标】

　　1. 了解 tkinter 的功能。
　　2. 知道 tkinter 模块的使用方法。

7.2.1 tkinter 模块功能

　　体验活动：请在本书配套资源名为"7.2程序"的文件夹（下载地址见目录）中找到文件"五子棋.py"，打开并运行，观察里面的语句，并尝试根据注释理解语句的功能。

　　运行程序，观察运行结果，我们可以发现，这个程序是自行开发的图形用户界面的益智游戏——五子棋（见图7.14）。它就是利用 tkinter 标准模块开发的，能够实现五子棋双人对弈。

　　tkinter 是 Python 的标准模块，不需要下载、安装，导入即可随时使用。我们使用 tkinter 可以快速地创建 GUI 应用程序。Python 的 IDLE 就是用 tkinter 设计的。

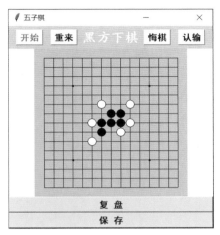

图7.14 利用tkinter模块开发的五子棋

7.2.2 检测tkinter 模块是否可用

由于tkinter是标准模块，已经内置到 Python 的安装包中，我们安装好 Python 之后，通过 import 语句即可导入该模块进行使用。

测试一下：在交互窗口中输入import tkinter，如果运行后没有提示错误，则表明该模块可以使用（见图7.15）。

```
>>> import tkinter
>>>
```

图7.15 检测tkinter模块是否可用

注意：Python 3.x 版本使用的模块名为首写字母为小写t的tkinter。

7.2.3 创建图形用户界面程序的基本过程

要想创建图形用户界面程序，一般要先创建一个窗口部件，然后在窗口中适当添加控件，如标签、按钮等，接着设置好控件的参数，安排好控件的位置及大小，最后为这些控件关联相关数据或指定特定动作。

7.2.4 创建窗口并设置相关属性

1. 创建一个空窗口

体验活动：将如下所示的参考程序输入文件并保存为"显示窗口.py"，完成窗口的创建，运行效果如图7.16所示。

```
import tkinter as tk #导入tkinter模块
```

```
window = tk.Tk()  # 创建一个 window 窗口部件
window.mainloop()  # 保持事件循环，直到退出循环
```

图 7.16　利用 tkinter 模块创建一个空窗口

在刚刚的体验中，大家通过 Tk() 函数创建了一个窗口。但请注意，在创建时要利用 mainloop() 函数设置刷新，否则创建的窗口将瞬间消失。

2. 设置窗口的一些常用属性

窗口的一些常用属性如表 7.1 所示。

表 7.1　窗口的一些常用属性

属性	函数
设置窗口标题	title("计算器")
设置窗口大小	geometry("640x480+0+0")

体验活动：参考如下所示的程序，设置窗口属性，运行效果如图 7.17 所示。

```
import tkinter as tk  # 导入 tkinter 模块
window = tk.Tk()  # 创建一个 window 窗口部件
window.geometry("600x600")    # 设置窗口大小
window.title("我是一个窗口")    # 设置窗口标题
window.mainloop()  # 保持事件循环，直到退出循环
```

图 7.17　利用 tkinter 模块设置窗口属性

注意：设置窗口大小时，数字之间不能是 *，而是小写的字母 x，后面的两个 0 代表窗口的左上角在屏幕中的坐标。

7.2.5 控件

控件（widget）是 tkinter 模块中非常重要的内容，不同控件的搭配形成了我们所看到的"界面"。

1. 常见控件

常见控件有窗口、按钮、标签、文本框、滚动条等。

窗口中文字和图片都可以由 Label 控件形成并显示。如果需要显示信息，可添加标签；如果需要与窗口进行互动，可添加按钮；如果需要用户输入信息，可使用文本框。图 7.18 所示的图形用户界面就是由窗口、标签和按钮控件组成的。

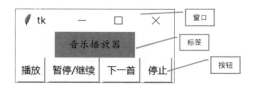

图 7.18　图形用户界面的组成

2. 控件的相关参数

添加控件后，我们需要设置控件的相关参数，例如内容、外观、位置等。以标签为例，我们可以设置标签高度 height 与宽度 width、标签的文本 text、字体 font、背景色 background(bg) 与前景色 foreground(fg) 等。

体验活动：创建一个新文件，输入如下所示的程序，将文件保存为"标签控件.py"并运行，实现在窗口中添加标签控件，运行结果如图 7.19 所示。

```
import tkinter as tk # 导入 tkinter 模块
window = tk.Tk() # 创建一个 window 窗口部件
label = tk.Label(window,text="hello world") # 创建标签
label.pack()# 让标签可见
window.mainloop() # 保持事件循环，直到退出循环
```

图 7.19　在窗口中添加标签控件

我们为窗口添加了一个标签控件，并显示了文本"hello world"。除此之外，我

们 还 可 以 尝 试 将label = tk.Label(window,text="hello world")更 改 为label =
tk.Label(window,text="hello world",bg='blue',font='宋体',fg='yellow',bd=10,
cursor='plus')，为标签设置更多的属性，程序运行结果如图7.20所示，我们可以发现
标签中的文字发生了变化。

图7.20 为标签控件设置属性

在这个体验中，bg='blue'将标签的背景色设置为蓝色，font='宋体'将字体设置
为宋体，fg='yellow'将字体颜色设置为黄色，bd=10设置标签的大小，cursor='plus'
将鼠标指针停留在标签上的形状设置为"加号"形状。

3. 控件的布局

布局（layout）指的是控件的排列方式。布局方法主要有3种：pack()、grid()、
palce()。通过这3种方法布局，可以将窗体容器中的各个控件调整到我们想要放置的
位置。

（1）pack()：默认第一个添加的控件在最上方，然后依次向下添加控件，pack()
是代码量最少、最简单的一种，可以用于快速生成界面的布局方式。

体验活动：参考如下所示的程序，体验使用pack()布局，运行效果如图7.21所示。

```
import tkinter as tk
windows=tk.Tk()
windows.geometry('300x100')
label1=tk.Label(windows,text=' 音乐播放器 ',bg='gray',font=' 楷体 ',
fg='black', bd=15,cursor='plus')
label1.pack()## 让标签可见
data=[' 播放 ',' 暂停 / 继续 ',' 下一首 ',' 停止 ']
for i in data:
    tk.Button(windows,text=i).pack(side='left',expand='yes',fill='y')
windows.mainloop()
```

图7.21 使用pack()布局

在这个体验中，我们创建了一个data列表，并通过for循环依次创建按钮，每一次创建按钮时，都采用了pack()布局。在pack(side='left',expand='yes',fill='y')中，side='left'表示按钮停靠在窗口的左边，expand='yes'表示扩展整个空白区，fill='y'表示在竖直方向填充。

（2）grid()：又被称作网格布局或表格布局，是被推荐使用的布局方式。因为程序大多数采用矩形的界面，我们可以很容易把它划分为一个几行几列的网格，然后根据行号和列号，将控件放置在网格中。使用grid()布局时，需要指定两个参数——row（行）、column（列）。需要注意的是row和column的序号都从0开始。

体验活动：参考如下所示的程序，体验使用grid()布局，运行效果如图7.22所示。

```
import tkinter as tk
from tkinter import *
windows =tk.Tk()
windows.geometry('360x100')
Label(windows,text=' 帐号 ').grid(row=0,column=0) # 创建标签, 将其置于
第 0 行第 0 列
Entry(windows).grid(row=0,column=1)    # 创建文本框, 将其置于第 0 行第 1 列
Label(windows,text=' 密码 ').grid(row=1,column=0) # 创建标签, 将其置于
第 1 行第 0 列
Entry(windows).grid(row=1,column=1) # 创建文本框, 将其置于第 1 行第 1 列
Button(text=' 登录 ').grid(row=0,rowspan=2,column=2,padx=10,ipadx=10)
windows.mainloop()
```

图 7.22　grid() 布局

在这个体验中，设置登录按钮的位置时，rowspan=2表示使按钮占用的空间扩展为2行，padx=10表示设置 x 方向外部填充空间值为10,ipadx=10表示 x 方向内部填充空间值为10。

（3）place()：可以通过坐标精确控制控件的位置，适用于一些布局要求更加灵活的场景。

体验活动：参考如下所示的程序，体验使用place()布局，运行效果如图7.23所示。

```
# 相对定位与绝对定位
from tkinter import *
windows = Tk()
windows.geometry("250x250+30+30")
lb1 = Label(windows,text=' 绝对定位 ',fg='white',bg='black')
lb1.place(x=50,y =50,width=100,height=50)
lb2 = Label(windows,text=' 相对定位 ',fg='black',bg='gray')
lb2.place(relx=0.5, rely=0.5, relwidth=0.4, relheight =0.2)
windows.mainloop()
```

图 7.23　place 布局

使用 place() 布局既可以用绝对地址进行定位，也可以使用相对地址进行定位。

绝对定位：x 表示指定控件的 x 坐标，x 为 0 代表位于最左边；y 指定控件的 y 坐标，y 为 0 代表位于最上边；width 表示指定控件的宽度，以 pixel（像素）为单位；height 表示指定控件的高度，以 pixel 为单位。

相对定位：relx、rely 分别表示指定插件的 x 坐标和 y 坐标，以父容器总宽度为单位 1，relx、rely 的值应该在 0.0 ~ 1.0，其中 0.0 表示位于窗口的最左边和最上边，1.0 代表位于窗口的最右边和最下边，0.5 代表位于窗口的中间；relwidth、relheight 表示相对大小，以窗口的大小为单位 1，当 height=0.5、width=0.5 时，控件占据窗口大小的 25%。在这次体验中，控件的宽度占窗口大小的 40%，控件的高度占窗口大小的 20%。

7.2.6　为按钮控件设置响应机制

在实际应用中，我们单击按钮后，程序通常会有相应的响应，这要如何实现呢？

体验活动：参考如下所示的参考程序和步骤编写问好程序，实现在文本框中输入用户姓名"小明"，单击"Hello"按钮，弹出 Message 消息框，显示"Hello,小明"的功能，界面布局如图 7.24 所示，运行效果如图 7.25 所示。

```
# 导入模块
```

```python
from tkinter import *
import tkinter.messagebox as messagebox
# 定义 Application 类表示应用/窗口，继承 Frame 类
class Application(Frame):
# Application 构造函数，master 为窗口的父控件
def __init__(self, master=None):
# 初始化 Application 的 Frame 部分
        Frame.__init__(self, master)
# 显示窗口，并使用 pack() 布局
        self.pack()
# 调用后面定义的 createWidgets() 方法。
        self.createWidgets()
# 创建控件
def createWidgets(self):
# 创建一个文本输入框
        self.nameInput = Entry(self)
# 显示文本框，并使用 pack() 布局
        self.nameInput.pack()
# 创建一个显示内容为 'Hello' 的按钮
        self.alertButton = Button(self, text='Hello', fg='black',
bg='white', command=self.hello)
# 显示文按钮，并使用 pack() 布局
        self.alertButton.pack()
# 为按钮设置响应内容
def hello(self):
# 获取输入的姓名，如未获得姓名则用 world 代替
        name = self.nameInput.get() or 'world'
# 显示输出消息框
        messagebox.showinfo('Message', 'Hello, %s' % name)
# 创建一个名为 app 的 Application 对象
app = Application()
# 设置窗口标题
app.master.title('Hello World')
# 主消息循环
app.mainloop()
```

图 7.24　问好程序的界面布局　　　图 7.25　问好程序的运行效果

自测练习题

一、单项选择

1. tkinter 模块是 Python 的（　　）。

A. 标准模块　　　　B.第三方模块　　　　C. 自定义模块　　　　D.待开发模块

2. tkinter 模块布局方式中按照网络方式(或称表格方式)布局的是（　　）。

A. pack()　　　　B.grid()　　　　C. place()　　　　D.row()

二、编程实践

1. 如果想将图 7.22 所示的登录界面更改为下图所示的界面，请问如何修改程序？

2. 运行并分析简易计算器程序的实现过程。

请在本书配套资源名为"7.2程序"的文件夹（下载地址见目录）中找到简易计算器.py，打开并运行这个程序，观察程序的功能。

（1）程序界面包含哪些控件？

（2）控件是按什么方式布局的？

（3）如果想将清零按钮的显示内容（如下所示）由"AC"更改为"清零"，请问应如何操作？

```
btnac = tkinter.Button(root,text = 'AC',bd = 0.5,font = (' 黑体 ',
20),fg = 'orange',command = lambda :pressCompute('AC'))
```

7.3　在Thonny中安装第三方模块

第三方模块，是被人写好的、具有特定功能的、下载安装后可以使用的模块。学会安装与管理第三方模块，对于Python的使用将如虎添翼。在Thonny中如何安装和管理这些模块呢？

【本节学习目标】

1. 了解第三方模块。

2. 学会安装第三方模块。

3. 会利用第三方模块解决问题。

7.3.1　模块与包

一个模块就是一个.py文件，里面定义了一些函数和变量。包是模块的集合，是为了方便管理而打包的.py文件。

在Thonny中，单击工具中的"管理包"选项，可以对模块进行包括查询、安装、升级、卸载等操作的管理（见图7.26）。

图7.26　"管理包"选项

如图7.27所示，在左侧已安装栏目中，我们可以查看本机所安装的模块；在上方的文本框中，我们可以输入想要安装的模块名称，然后单击"从PyPI安装包"按钮进行安装；在右侧的选项中，可以进行模块的安装、升级、卸载、查询存储位置等操作。

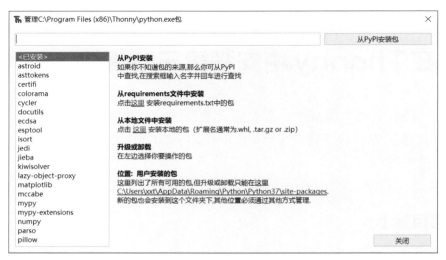

图 7.27　管理界面

7.3.2 从 PyPI 官方仓库安装模块

PyPI 是什么呢？ PyPI，全称是 Python Package Index（Python 模块索引），它是 Python 官方的第三方模块的"仓库"。所有人都可以下载第三方模块或将自己开发的模块上传到 PyPI。

下面我们以安装第三方模块——pygame 为例，一起学习如何从 PyPI 官方仓库安装所需要的模块。

① 在文本框中输入要安装的模块名称，如"pygame"，单击右侧的"从 PyPI 安装包"。

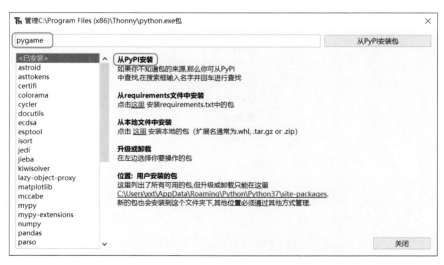

2 系统会弹出对话框，搜索并下载安装模块；对话框会实时显示模块搜索、下载及安装进程。

3 安装完成后，在左侧的已安装栏目中，会显示刚才安装的模块——pygame。

4 单击选中pygame，我们可以在右侧看到它的版本信息，通过下方的"升级"或"卸载"按钮，可以升级模块版本或卸载模块。

7.3.3　下载安装包，在本地进行安装

在上面的例子中，我们是通过网络搜索进行模块安装的。实际上，我们还可以先下载模块安装包，然后在本地进行模块安装。

同样以pygame为例，在本地安装模块的过程如下。

1 登录PyPI的官方网站。

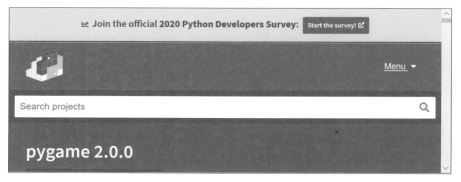

2 查看计算机上Thonny的安装版本，选取相应的安装包。Thonny 3.2.7版本自带的Python版本为3.7.7（32-bit），因此我们需要下载的模块为pygame-2.0.0-cp37-cp37m-win32.whl (4.8 MB)，其中cp37表示适合Python 3.7版本，win32表示适合32位的Windows操作系统。

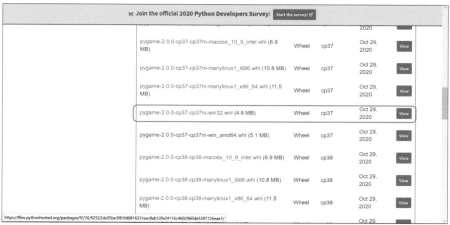

3 单击安装包，在弹出的对话框中选择"保存"，下载文件，下载成功后，文件被保存至"下载"文件夹中，我们可根据需要将它移动至指定的文件夹中。

4 在 Thonny 中，单击工具中的"管理包"，选择"从本地文件中安装"选项下的"这里"。

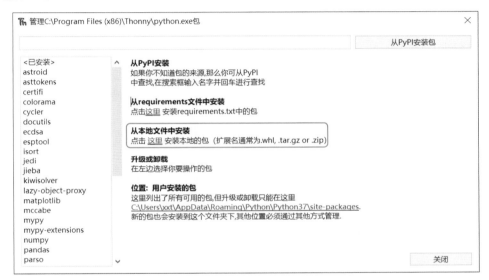

5 选择安装文件，单击"打开"。

6 系统会自动寻找并运行安装文件。

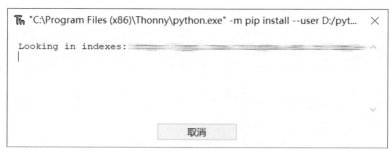

7 安装完毕，pygame模块被添加到已安装模块列表中。

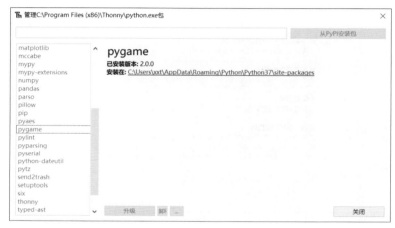

7.3.4 调整为国内镜像网站

PyPI官方服务器在国外，所以有时候会因访问速度太慢而安装失败。我们可以利用国内的镜像源下载、安装所需的第三方模块。

下面，我们以Windows系统为例，说明镜像源的更换方法。

1 在文件管理器的地址栏输入%Appdata%，找到目标位置。

2 新建文件夹"pip"。

3 在文件夹里新建名为"pip.ini"的文件。

4 将下图所示内容输入文件并保存。

5 单击"工具"中的"打开系统shell"。

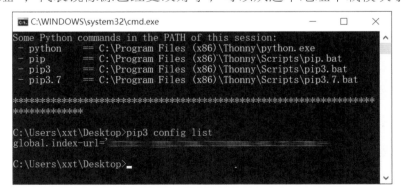

6 输入"pip3 config list"并按下 Enter 键，界面中出现 global.index-url = "镜像源地址"，代表镜像源已经更改好了，可以从这个地址下载模块了。

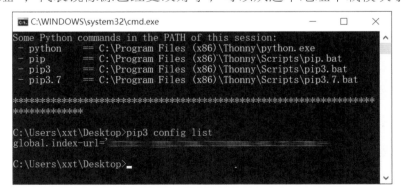

7 我们重新安装pygame时，可以在模块下载对话框中发现模块已经被搜索和下载好啦。

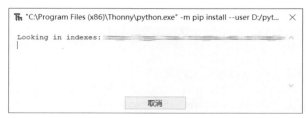

7.3.5 常用第三方模块

第三方模块较多，除了上述介绍的，还有一些比较有特色的。

1. 数据处理类

numpy模块：用于科学计算和数据分析的模块。

pandas模块：提供高性能、易用的数据结构及数据分析工具。

Matplotlib模块：基于numpy模块的工具包，提供了丰富的数据绘图工具，主要用于绘制一些统计图形，用于数据可视化。

Qrcode：二维码生成器。

2. 图像处理类

PIL模块：PIL（Python Image Library）提供了基本的图像处理功能。

OpenCV模块：OpenCV（开源计算机视觉库，Open Source Computer Vision Library）是计算机视觉应用中使用较广泛的库。

Pycairo模块：用于绘制矢量图形的2D图形库。

3. 机器学习类

TensorFlow模块：是基于数据流编程（dataflow programming）的符号数学系统，被广泛应用于各类机器学习（machine learning）算法的编程。

scikit-learn模块：基于SciPy的机器学习模块。

4. 网络资源管理类

Socket模块：帮助在网络上的两个程序之间建立信息通道。

Requests模块：处理URL资源特别方便。

IPy模块：用于判断地址类型（私网、公网），转换网络地址。

Beautiful Soup模块：用于从网页抓取数据，并对数据进行分析。

自测练习题

一、填空

1. PyPI是Python官方的第三方模块的_____。

2. 模块_____是Python 实现的二维码生成器。

3. 能够进行数据处理的Python第三方模块有_____和_____。

二、简答

请简要说明模块与包的区别。

三、上机实验

请尝试安装numpy模块。

7.4　pyttsx3 模块与文本转语音

日常生活中，我们会涉及很多语音播报的场景，比如导航软件播放提示信息、商场门口提示欢迎光临、银行自助叫号等，这些都可以使用语音合成中的 TTS（Text To Speech，从文本到语音）技术实现。语音合成是通过机械的、电子的方法产生人造语音的技术。TTS 技术（又称文语转换技术）隶属于语音合成，它是将计算机产生的或外部输入的文字信息转为可以听得懂的、流利的口语输出的技术。本节我们将带大家了解第三方模块——pyttsx3，并尝试利用它来实现将文本转为语音。

【本节学习目标】

1. 了解 pyttsx3 模块的功能。

2. 了解 pyttsx3 模块的常用函数。

3. 能够应用 pyttsx3 模块解决问题。

7.4.1　pyttsx3 模块简介

pyttsx3 模块是 Python 中的文本到语音转换的第三方模块，它可以支持中文和英文的文本转语音。

7.4.2　pyttsx3 模块安装

由于 pyttsx3 模块是第三方模块，使用前需要先安装。下面，我们利用前面所学方法，安装 pyttsx3 模块（见图 7.28）。

图 7.28　安装 pyttsx3 模块

7.4.3 pyttsx3 模块的基本使用方法

1. 文本转语音

体验活动：输出语音"您好"，参考程序如下所示。

```
import pyttsx3
engine = pyttsx3.init()     #初始化
engine.say(" 您好 ")        # 添加播报文本"您好"
engine.runAndWait()    # 等待语音播报完毕
```

在这个体验中，简单的 4 条语句，就可以实现将一条中文文本转为语音输出。pyttsx3 模块使用起来比较方便，通过初始化 init() 函数来获取语音引擎，say() 函数将其中的语音说出来。pyttsx3 模块还支持英语、法语等多种语言，感兴趣的同学可以尝试一下。

2. 获取与调整语速

如何检测语音输出速率呢？我们可以通过下面的参考程序来实现。

```
import pyttsx3
engine = pyttsx3.init()
engine.say(" 您好 ")
rate = engine.getProperty('rate')
print(" 语音速率 :",rate)
```

我们通过参考程序中的 getProperty('rate') 获取到当前语音输出速率，即系统默认的语音输出速率为200（见图7.29）。

```
检测语音速率.py
1  import pyttsx3
2  engine = pyttsx3.init()
3  engine.say("您好")
4  rate = engine.getProperty('rate')
5  print("语音速率:",rate)

Shell
Python 3.7.7 (bundled)
>>> %Run '检测语音速率.py'
语音速率: 200
>>>
```

图7.29　检测语音输出速率

体验活动：参考如下所示的程序，通过setProperty()函数设置不同的语音输出速率，体验输出不同语速的"您好"。

```
import pyttsx3
engine = pyttsx3.init()
engine.say(" 您好 ")
rate = engine.getProperty('rate')
engine.setProperty('rate', rate + 80)
engine.say(" 您好 ")
engine.setProperty('rate', rate - 80)
engine.say(" 您好 ")
engine.runAndWait()
```

3. 切换声音

pyttsx3模块还提供了不同的声音。我们可以利用setProperty('voice', voices[1].id)、setProperty('voice', voices[0].id)设置不同的发音。其中，当设置setProperty('voice', voices[1].id)时，不支持中文。

体验活动：参考如下所示的程序，输出声音"Hello 您好"。

```
import pyttsx3
engine = pyttsx3.init()
voices = engine.getProperty('voices')
engine.setProperty('voice', voices[0].id)
engine.say("Hello 您好 ")
engine.runAndWait()
```

体验活动：参考如下所示的程序，输出声音"Hello 您好"，此时"您好"无法被输出。

```
import pyttsx3
engine = pyttsx3.init()
voices = engine.getProperty('voices')
engine.setProperty('voice', voices[1].id)
engine.say("Hello 您好")
engine.runAndWait()
```

4. 将文件中的内容转成语音

很多时候，文字已经存储在文档中了，我们如何将已有的文档内容朗读出来呢？

体验活动：将 The Old Man and the Sea.txt 文件存储在计算机的 D 盘，参考如下所示的程序，体验朗读文档中的一篇文章，运行效果如图7.30所示，程序会先显文本文件的内容，然后朗读文本。

```
import pyttsx3
f = open("d:\The Old Man and the Sea.txt",'r', encoding='utf-8')
line = f.readline()
engine = pyttsx3.init()
while line:
    line = f.readline()
    print(line, end = '')
    engine.say(line)
engine.runAndWait()
f.close()
```

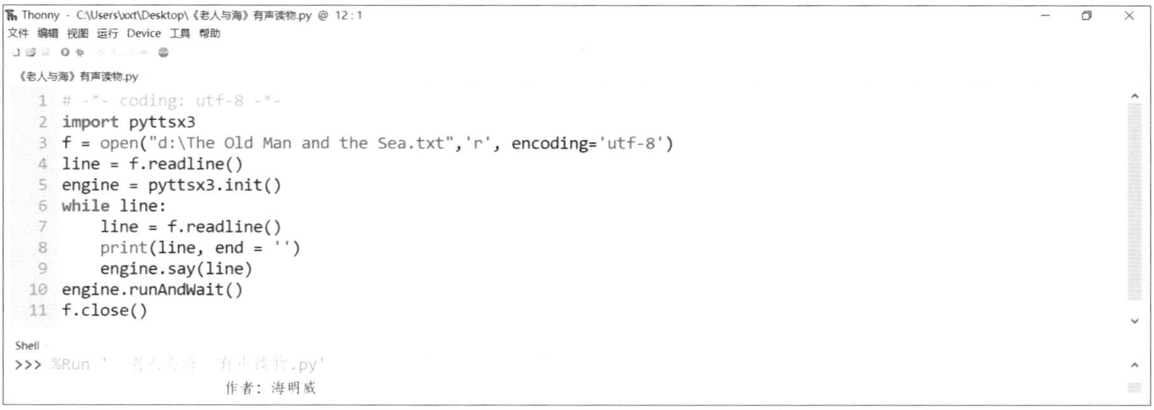

图7.30　《老人与海》有声读物

5. 将文件中的内容转成语音并存储为mp3音频文件

体验活动：运行如下所示的参考程序，计算机D盘将会生成一个MP3文件（见图7.31），打开这个文件，能播放语音"你好"。

```
import pyttsx3
engine = pyttsx3.init()
engine.save_to_file(" 你好 ",'D:/ 你好 .mp3')
engine.runAndWait()
```

图 7.31　文本转 MP3

7.4.4　模块综合使用——为贪吃蛇游戏添加语音提示

1. 打开程序

请在本书配套资源名为"7.4程序"的文件夹（下载地址见目录）中找到文件"snake.py"，打开并运行，分析贪吃蛇游戏程序的基本组成部分。

2. 设计添加语音提示的具体目标和功能

本案例拟在初始界面（见图7.32）和结束界面（见图7.33）添加语音提示。

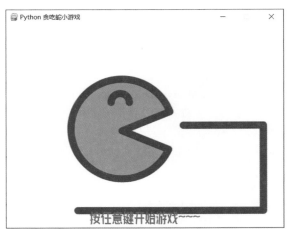

图 7.32　游戏开始界面

图7.33　游戏结束界面

3. 编写程序

（1）在导入模块处导入pyttsx3，参考程序如下所示。

```
# 导入相关模块
import random
import pygame
import sys
import pyttsx3
from pygame.locals import *
```

（2）在信息显示处添加部分代码（已标红），参考程序如下所示。

```
# 开始信息显示
def show_start_info(screen):
    font = pygame.font.Font('myfont.ttf', 40)
        tip = font.render(' 按任意键开始游戏 ~~~', True, (65, 105,
225))
    gamestart = pygame.image.load(' 开始 .jpg')
    screen.blit(gamestart, (140, 30))
    screen.blit(tip, (240, 550))
    pygame.display.update()
    engine = pyttsx3.init()
    rate = engine.getProperty('rate')
    engine.setProperty('rate', rate - 80)
    engine.say(" 按任意键开始游戏 ")
    engine.runAndWait()
```

（3）在游戏结束信息显示处添加部分代码（已标红），参考程序如下所示。

```
# 游戏结束信息显示
def show_gameover_info(screen):
    font = pygame.font.Font('myfont.ttf', 40)
    tip = font.render(' 按 Q 或者 ESC 退出游戏 , 按任意键重新开始游戏 ~',
True, (65, 105, 225))
```

```
gamestart = pygame.image.load('结束.jpg')
screen.blit(gamestart, (60, 0))
screen.blit(tip, (80, 300))
pygame.display.update()
engine = pyttsx3.init()
rate = engine.getProperty('rate')
engine.setProperty('rate', rate - 80)
engine.say("按 Q 或者 ESC 退出游戏，按任意键重新开始游戏")
engine.runAndWait()
```

（4）运行、调试程序，将文件另存为"snake语音提示版.py"（见图7.34）。

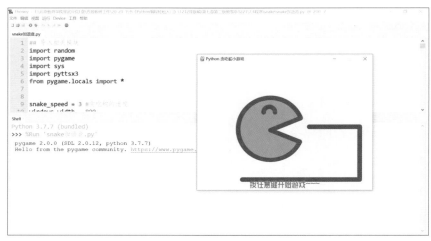

图 7.34　贪吃蛇语音提示版

自测练习题

一、填空

1. pyttsx3模块是Python中的第三方模块，它的主要功能是_____。

2. pyttsx3模块通过_____来获取语音引擎。

3. pyttsx3模块，利用_____获取当前语音输出速率，利用_____设置新的语音输出速率。

二、编程实践

当某安检系统自动监测体温时，如温度高于37.3℃（默认），则系统会发出语音提醒"请复测体温"，否则则语音提示"体温正常"。

第7章自测试卷

一、单项选择（40分，每题4分）

1. 在用Python编程解决问题时，使用模块可以减少重复的工作，以下哪个选项是导入模块的语句？（　　）

    A. input　　　　　B. import　　　　C. for　　　　　　D. while

2. 根据使用情况，模块除了有标准模块和第三方模块，还有（　　）。

    A. 内置模块　　　　B. 空模块　　　　C. 自定义模块　　D. 外设模块

3. 关于模块的使用，下列说法不正确的是（　　）。

    A. 模块是扩展名为 .py 的文件

    B. 标准模块是Python自带的，因此无须导入，可以直接使用

    C. 使用模块可以减少编程中的重复工作并使程序维护起来更加方便

    D. 标准模块与第三方模块的导入方法是不同的

4. 若想从序列中随机抽取一个元素，需要用到random模块中的（　　）函数。

    A. shuffle()　　　B. randint()　　　C.random()　　　D.choice()

5. 设计Python的IDLE图形界面的模块是（　　）。

    A. turtle　　　　　B. math　　　　　C. tkinter　　　　D. random

6. 能在图形界面窗口中创建窗口部件的函数是（　　）。

    A. Tk()　　　　　B. mainloop()　　　C. geometry()　　D. title()

7. 要想利用Thonny对Python模块进行管理，需要通过使用"工具"中的（　　）来实现。

    A. 打开系统shell　　　　　　　　B. 管理包

    C. 打开 Thonny 安装目录　　　　　D. 管理插件

8. 人工导入Python模块文件3次，系统会执行的次数是（　　）。

    A. 0　　　　　　　B. 1　　　　　　　C. 2　　　　　　　D.3

9. pyttsx3模块通过初始化来获取语音引擎需要用到（　　）。

    A. getProperty()　　B. say()　　　　C. init()　　　　　D. setProperty()

10. pyttsx3模块获取当前语音输出速率会使用（　　）。

A. getProperty('rate')   B. setProperty('rate')

C. setProperty('voice')   D. getProperty('voice')

二、填空（60分，每空4分）

1. Python提供了大量的标准模块，可以用来完成很多工作。请写出至少3个Python标准模块_____、_____、_____。

2. 使用_____语法格式的 import 语句，只会导入模块中指定的成员，而不是全部成员。

3. turtle模块是Python的标准模块，它的主要功能是_____。

4. 利用tkinter模块创建窗口部件时，须用_____函数设置刷新，否则创建的窗口将瞬间消失。

5. 图形界面设计中常见控件有_____、_____、_____等，窗口中文字和图片可以由_____控件形成并显示，如果需要用户输入信息，可使用_____控件。

6. PyPI是Python官方的_____的"仓库"。

7. tkinter模块中的布局方法主要有3种，分别是_____、_____、_____，我们通过这3种方法布局，可以将窗体容器中各个控件调整到想要放置的位置。

附录 A 程序调试

在编程解决问题时，难免出现一些错误，这就需要进行程序调试。掌握一定的程序调试方法，是利用编程解决问题的必备技能。

程序出现的错误，既有语法方面的，也有逻辑方面的。语法错误是指不符合语法规则而产生的错误。发生语法错误的程序，计算机将无法识别和执行。例如，表达式不完整、缺少必要的标点符号、关键字输入错误、数据类型不匹配、循环语句或选择语句的关键字不匹配等。逻辑错误指用户编写的程序已经没有语法错误，可以运行，但得不到所期望的结果（或正确的结果）。例如，求取变量a的平方，应该写成b=a**2，由于某种原因却写成了b=a*2;这就是逻辑错误。

A.1 语法错误

当程序中有语法错误时，程序运行会直接停止，同时解释器会给出错误提示。

常见的语法错误有以下几种。

1. NameError：名称错误

错误案例1：

```
>>> print(a)
```

报错信息：

NameError: name 'a' is not defined。出现此类错误的原因还有可能是变量或者函数名拼写错误。

错误原因：代码出现名称错误，变量a没有定义。

解决方法：由于Python中的变量不需要声明，赋值后即可创建和使用变量，所以可以在输出前，先给a赋值，如a=7。

```
>>> a=7
>>> print(a)
```

错误案例2：

```
>>>name= 'Tom'
>>>print('My name is ' + nane)
```

报错信息和上面一样：

```
NameError: name 'nane' is not defined。
```

错误原因：代码出现变量或者函数名拼写错误。

解决方法：这类错误只要根据报错信息，细心检查一下拼写，就能很快解决。

2. TypeError：类型错误

错误案例：

```
>>> age=18
>>>print('我的年龄是'+age)
```

报错信息：

```
TypeError: can only concatenate str (not "int") to str。
```

错误原因：代码出现类型错误，+运算符两侧的数据类型必须一致。此代码+左侧是字符串类型'我的年龄是'，因此系统提示，后面连接的必须还是一个字符串(str)，不能是数字（int）。

解决方法：+运算符，既是加法运算符也是连接运算符。在使用+做连接运算的时候，必须使用字符串类型数据，此处需要将数值18转化成字符串类型。

```
>>>age=18
>>> print('我的年龄是'+str(age))
```

3. IndentationError：缩进错误

错误案例：

```
# 两个数比大小，取最大值
m=7
n=5
if m>n:
print(m)
```

将上述代码保存为文件"比大小.py"，并运行该程序。

报错信息：

```
IndentationError: expected an indented block。
```

错误原因：代码出现缩进有误。Python的缩进非常严格，同级需要对齐。编写代码时，多一个空格或少一个空格都会报错。这是新手常犯的一个错误，由于不熟悉Python编程规则，不易查找。像if、for、while等代码块都需要缩进。

解决方法：第一是要了解Python缩进规则。（1）逻辑行的"首行"需要顶格，即无缩进；（2）相同逻辑层保持相同的缩进；（3）"："标记一个新的逻辑层，增加缩进。

第二是要规范缩进，不能混用Tab和空格。其实Python并没有强制要求必须使用Tab缩进或者使用空格缩进，空格按几个也都没有强制要求。通常人们习惯使用4个空格进行缩进。

```
m=7
n=5
if m>n:
    print(m)
```

4. SyntaxError：语法错误，代码形式错误

错误案例：

```
a=eval(input("请输入您的体温值："))
normal=37.3   # normal 为区分是否发烧的界限值
if a >37.3
    print("您已发烧！请及时就诊。")
```

将上述代码保存成"体温检测.py"，并运行。

报错信息：

```
SyntaxError: invalid syntax。
```

错误原因：if语句不符合书写规范。

解决方法：当报错的时候，要注意回到错误信息的那一行，然后从下往上，慢慢查找，这个程序就是因为忘了在if语句后面加"："，所以出现错误。另外，初学者写代码时要注意使用英文标点符号，这是大家经常犯的错误。

```
a=eval(input("请输入您的体温值："))
normal=37.3   # normal 为区分是否发烧的界限值
if a >37.3:
    print("您已发烧！请及时就诊。")
```

除了上述语法错误之外，还有其他语法错误，如KeyError（关键词错误）、IndexError（索引超出序列的范围）、AttributeError（属性错误）等。

A.2 逻辑错误

对于逻辑错误，我们可能并不太容易发现，因为程序本身运行没有问题，只是运

行结果是错误的。当遇到程序有逻辑错误时，最好的解决方法就是对程序进行调试，即通过观察程序的运行过程，以及运行过程中变量值的变化，找到引起运行结果异常的根本原因，从而解决逻辑错误。

A.3 调用调试功能

1. 设置和调用调试功能的途径

Thonny 软件给我们提供了丰富的调试功能，设置和调用调试功能有以下3个途径。

（1）"运行"菜单中的调试功能，如图 A.1 所示。

图 A.1　运行菜单

（2）常用按钮区中的调试按钮，如图 A.2 所示。

图 A.2　调试按钮

（3）"工具"菜单中"设置"子菜单可以设置"运行&调试"的相关参数，如图 A.3 所示。

图 A.3　运行&调试

2. 程序调试操作

单击"调试当前脚本按钮",如图 A.4 所示,进入程序调试状态,如图 A.5 所示。

图 A.4　调试当前脚本按钮

图 A.5　进入调试状态

在这种模式下,执行每一条 Python 语句都会出现暂停。

焦点:调试模式下有一条语句被一个高亮方框包围,我们称之为焦点。高亮焦点框框住的内容表示接下来要执行的代码。

退出调试状态 [STOP]:按红色STOP按钮。

进入调试状态后,激活以下调试按钮。

(1)步过 :直接执行单条语句,进入下一条语句。

(2)步进 :进入语句的内部。

(3)步出 :从语句的内部跳出。

(4)恢复执行 :从当前调试语句依序执行至程序末。

A.4 程序调试体验

第一步，打开文件"程序调试.py"，同时选择"视图"中的"变量"窗口，如图 A.6 所示，准备对下面代码进行调试，如图 A.7 所示。

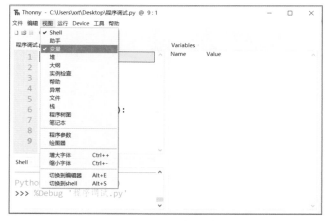

图 A.6　展开变量窗口

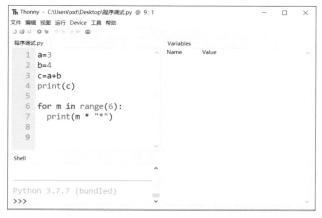

图 A.7　准备对代码进行调试

第二步，单击"调试当前脚本按钮"，进入程序调试状态，如图 A.8 所示。

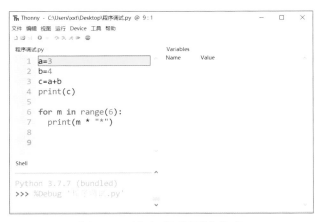

图 A.8　进入程序调试状态

此时调试按钮被激活，同时焦点框默认停留在第一条语句。

第三步，单击"步过"按钮，执行第一条语句，变量窗口中显示 name（变量名）为 a，value（变量值）为 3，同时焦点框下移停留至第二条语句，如图 A.9 所示。

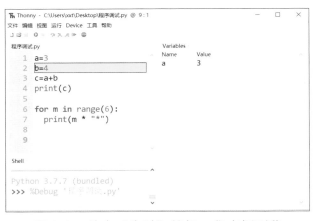

图 A.9　单击"步过"按钮，焦点框下移

第四步，单击 3 次"步过"按钮。依次执行语句并呈现变量名和它们的值，显示结果如图 A.10 所示，此时焦点框停留在 for 语句，由于 for 语句是个复合语句，因此框住了两个物理行的内容。

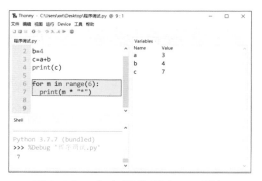

图 A.10　焦点框停留在 for 语句

第五步，单击"步进"按钮，会发现焦点框进入语句内部，框住了 range() 函数，如图 A.11 所示。连续单击"步进"按钮，我们会观看到语句每一小步的执行结果，从而分析语句的执行过程。

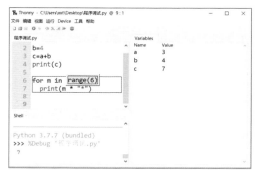

图 A.11　单击"步进"按钮，观看语句每一小步执行结果

第六步，此程序执行结束后，我们观察到变量 m 的取值从 0 开始，每次加 1，终值是 5，验证了 range(a,b,n) 函数的取值范围是 [a,b)，如图 A.12 所示。

图 A.12　观看循环语句每一小步的执行结果

除上述方法之外，我们还可以打开堆窗口查看变量的地址，利用 birdseye 模式打开网页进行程序调试等，感兴趣的同学可以关注和学习。

附录 B 将 Python 程序打包成 .exe 可执行文件

将编写好的程序打包成.exe可执行文件，这样，在没有安装Python的计算机上也能运行程序了。目前将Python打包成.exe文件的工具有多种，如py2exe、pyinstaller、cx_Freeze等，本节内容我们介绍pyinstaller工具。

首先，确保计算机上安装了Python，然后按照下面的步骤操作。

B.1 安装pyinstaller

1 同时按"Win+R"组合键。

2 在弹出的窗口中输入"cmd"，单击"确定"。

3 输入指令"pip install pyinstaller",安装 pyinstaller。

```
>pip install pyinstaller
Requirement already satisfied: pyinstaller in c:\users\bjbz\appdata\local\programs\py
thon\python36\lib\site-packages
Requirement already satisfied: setuptools in c:\users\bjbz\appdata\local\programs\pyt
hon\python36\lib\site-packages (from pyinstaller)
Requirement already satisfied: altgraph in c:\users\bjbz\appdata\local\programs\pytho
n\python36\lib\site-packages (from pyinstaller)
Requirement already satisfied: pyinstaller-hooks-contrib>=2020.6 in c:\users\bjbz\app
data\local\programs\python\python36\lib\site-packages (from pyinstaller)
Requirement already satisfied: importlib-metadata in c:\users\bjbz\appdata\local\prog
rams\python\python36\lib\site-packages (from pyinstaller)
Requirement already satisfied: pefile>=2017.8.1 in c:\users\bjbz\appdata\local\progra
ms\python\python36\lib\site-packages (from pyinstaller)
Requirement already satisfied: pywin32-ctypes>=0.2.0 in c:\users\bjbz\appdata\local\p
rograms\python\python36\lib\site-packages (from pyinstaller)
Requirement already satisfied: zipp>=0.5 in c:\users\bjbz\appdata\local\programs\pyth
on\python36\lib\site-packages (from importlib-metadata->pyinstaller)
Requirement already satisfied: typing-extensions>=3.6.4, python_version < "3.8" in c:
\users\bjbz\appdata\local\programs\python\python36\lib\site-packages (from importlib-
metadata->pyinstaller)
```

B.2 使用 pyInstaller 生成 exe 文件

1 安装完成后,接下来,进入指定文件夹,如 login.py 这个文件在 D 盘,则进入 D 盘。

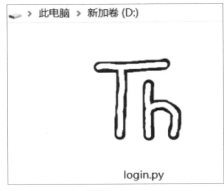

login.py

② 输入"pyinstaller -F login.py",生成单个.exe文件,程序所有的资源和代码均被打包进该exe文件内。

```
D:\>pyinstaller -F login.py
1177 INFO: PyInstaller: 4.2
1177 INFO: Python: 3.6.3 (conda)
1178 INFO: Platform: Windows-10-10.0.17134-SP0
1179 INFO: wrote D:\login.spec
1188 INFO: UPX is not available.
1190 INFO: Extending PYTHONPATH with paths
['D:\\', 'D:\\']
1312 INFO: checking Analysis
1514 INFO: checking PYZ
1547 INFO: checking PKG
1705 INFO: Building because D:\build\login\login.exe.manifest changed
1706 INFO: Building PKG (CArchive) PKG-00.pkg
4565 INFO: Building PKG (CArchive) PKG-00.pkg completed successfully.
4586 INFO: Bootloader c:\anaconda3\lib\site-packages\PyInstaller\bootloader\W
4586 INFO: checking EXE
4597 INFO: Building because icon changed
4597 INFO: Building EXE from EXE-00.toc
4604 INFO: Copying icons from ['c:\\anaconda3\\lib\\site-packages\\PyInstalle
4615 INFO: Writing RT_GROUP_ICON 0 resource with 104 bytes
4616 INFO: Writing RT_ICON 1 resource with 3752 bytes
4617 INFO: Writing RT_ICON 2 resource with 2216 bytes
4617 INFO: Writing RT_ICON 3 resource with 1384 bytes
4621 INFO: Writing RT_ICON 4 resource with 37019 bytes
4621 INFO: Writing RT_ICON 5 resource with 9640 bytes
4622 INFO: Writing RT_ICON 6 resource with 4264 bytes
4623 INFO: Writing RT_ICON 7 resource with 1128 bytes
4630 INFO: Updating manifest in D:\build\login\run.exe.yn5848iz
4638 INFO: Updating resource type 24 name 1 language 0
4643 INFO: Appending archive to EXE D:\dist\login.exe
4652 INFO: Building EXE from EXE-00.toc completed successfully.
```

③ 新生成的dist文件夹中包含了.exe文件。

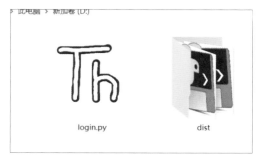

附录 C　参考答案

1.1　自测练习题答案

　　1. ABCD　　　2. BC

1.2　自测练习题答案

一、填空

1. 简单、优雅、明确，可扩展性强，跨平台。

2. 大型网站、网络爬虫、数据分析、人工智能。

二、判断

1. ✕　　　2. ✕

1.3　自测练习题答案

　　1. ✓　　2. ✓　　3. ✓　　4. ✕

1.4　自测练习题答案

　　运行程序后，浏览器将会自动打开并跳转到网站，展示由兰德尔·门罗 (Randall Munroe) 所绘制的网络漫画。

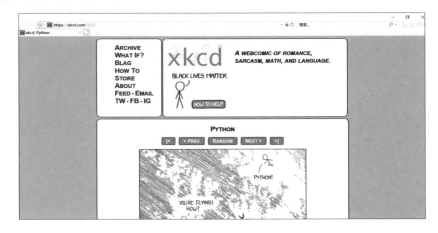

第1章自测试卷答案

1. 机器语言、汇编语言、高级语言

2. 0、1

3. 助记符

4. 非常接近人类点自然语言

5. 优美、简单、优雅、明确

6. 集成开发环境

7. 代码编辑、解释

8. Thonny

9. 14

10. Windows、macOS、Linux

11. 菜单栏、编辑窗口、交互窗口

12. 保存文件、运行程序、调整视图

13. 显示输出结果、以交互模式运行Python命令

14. Ctrl+S

2.1 自测练习题答案

一、填空

1.（1）整型、int;（2）浮点型、float;（3）布尔型、bool;（4）字符串、str;（5）列表、list。

2.int(a)、float(a)、str(a)、bool(a)。

二、上机操作

字符串str、整型int、字符串str、浮点型float、布尔型bool、列表list。

2.2 自测练习题答案

1.

变量名	是否合法	不合法原因
count_1	合法	
HelloWorld	合法	
ans#1	非法	有特殊符号
姓名	合法	
print	非法	是关键字
5ans	非法	以数字开头
_3ab	合法	

2. 不是同一变量，大小写不一样，是3个变量名。

3. 是字符串，因为它是用双引号引起来的。

4. 程序如下：

```
A=100
B=50
print(A+B)
```

2.3 自测练习题答案

1. 赋值运算符、算术运算符、比较运算符（关系运算符）、逻辑运算符

2. +、-、*、/

3. = =、!=、>、<、>=、<=

4. and、or、not

2.4 自测练习题答案

一、填空

1.（ ）、9   2. **   3. +、-   4. 正号+、负号-   5. 1、or

二、上机操作

1. 5.0   2. "36+48"   3. 30.0   4. 15.0

第2章自测试卷答案

一、单项选择

1 ~ 5：BCDDD　　　6 ~ 10：ABAAB

二、填空

1. 首次赋值

2. 算术运算符、赋值运算符、关系运算符、逻辑运算符

3. 十进制形式、指数形式

4. 三引号

5. 布尔

6. 与、或、非

7. 非运算

8. 从左向右

9. 4.25

3.1 自测练习题答案

1. B　　　　2. C　　　　3. A

3.2 自测练习题答案

1. A　　2. A　　　3. BC（A输出的字符间会有空格分隔）

3.3 自测练习题答案

1. A　　2. A　　　3. ABC

第3章自测试卷答案

一、填空

1. input（）

2. print( )

3. 空、字符串

4. 字符串、eval()

5. 空格、利用 sep 进行更改

6. 换行符、利用 end 进行更改

7. 信息输入、信息处理、信息输出

二、编程实践

n1=eval(input("请输入第1个数字："))

n2=eval(input("请输入第2个数字："))

print(n1,"+",n2,"=",n1+n2)

print(n1,"–",n2,"=",n1–n2)

print(n1,"*",n2,"=",n1*n2)

print(n1,"/",n2,"=",n1/n2)

4.1 自测练习题答案

一、判断

1. ×　2. ×

二、编程实践

程序及运行结果如下图所示。

4.2 自测练习题答案

一、判断

×

二、编程实践

程序及运行结果如下所示。

```
1  temp=eval(input("请输入体温："))
2  if temp>37.3:
3      print("请复测体温")
4  else:
5      print("请通过！")
```

```
Shell
>>> %Run '体温检测.py'
请输入体温：37.7
请复测体温
>>> %Run '体温检测.py'
请输入体温：37
请通过！
```

4.3 自测练习题答案

一、判断

×

二、编程实践

程序及运行结果如下图所示。

```
1  score1=eval(input("玩家1的分数："))
2  score2=eval(input("玩家2的分数："))
3  score3=eval(input("玩家3的分数："))
4  if score1>=score2 and score1>=score3:
5      print("最高分是：",score1)
6  elif score2>=score1 and score2>=score3:
7      print("最高分是：",score2)
8  else:
9      print("最高分是：",score3)
```

```
Shell
>>> %Run MaxScore.py
玩家1的分数：5
玩家2的分数：4
玩家3的分数：1
最高分是： 5
>>> %Run MaxScore.py
玩家1的分数：5
玩家2的分数：5
玩家3的分数：4
最高分是： 5
```

4.4 自测练习题答案

一、判断

1. ×　2. √

二、编程实践

程序及运行结果如下图所示。

```
1  alcohol=eval(input("请输入100毫升血液中的酒精含量："))
2  if alcohol<20:
3      print("您未构成酒驾！")
4  else:
5      if 20<=alcohol<80:
6          print("您已达到饮酒驾车标准！请勿开车！")
7      else:
8          print("您已达到醉酒驾车标准！请勿开车！")
```

```
Shell
>>> %Run drunkDriving.py
    请输入100毫升血液中的酒精含量：100
    您已达到醉酒驾车标准！请勿开车！
>>> %Run drunkDriving.py
    请输入100毫升血液中的酒精含量：60
    您已达到饮酒驾车标准！请勿开车！
>>> %Run drunkDriving.py
    请输入100毫升血液中的酒精含量：10
    您未构成酒驾！
```

第4章自测试卷答案

一、填空

1. True、False、跳过

2. 语句块1、语句块2

3. False、1

4. 分支结构

二、判断

1. √ 2. ×

三、选择

1. C 2. A 3. C

四、编程实践

```
num=eval(input("请输入抽奖数："))
if num%3==0 or num%4==0:
    print("积分数是：",num*10)
else:
    print("积分数是 ",num)
```

5.1 自测练习题答案

1.

```
n=1
while n<101:
  if n%2==1:
      print(n,end=" ")
  n=n+1
```

　2.

```
digit=int(input("请输入一个数："))
print(digit, end=" ")
while digit!=1:
  if(digit%2==0):
    digit=digit/2
    print(digit,end=" ")
  else:
    digit=digit*3+1
    print(digit, end=" ")
```

5.2　自测练习题答案

一、多项选择

ABC

二、编程实践

1. range(1,7,1)或range(1,7)

2.

```
sum=0
for i in range(2,101,2):
    sum+=i
print (sum)
```

5.3　自测练习题答案

1. 三重循环。

2. 程序与运行结果如下页图所示。

```
1  for i in range(1,10,1):
2      for j in range(1,i+1,1):
3          print(j,"*",i,"=",j*i,"\t",end="")
4      print()
```

```
Shell
>>> %Run multiplicationTable.py
1 * 1 = 1
1 * 2 = 2      2 * 2 = 4
1 * 3 = 3      2 * 3 = 6      3 * 3 = 9
1 * 4 = 4      2 * 4 = 8      3 * 4 = 12     4 * 4 = 16
1 * 5 = 5      2 * 5 = 10     3 * 5 = 15     4 * 5 = 20     5 * 5 = 25
1 * 6 = 6      2 * 6 = 12     3 * 6 = 18     4 * 6 = 24     5 * 6 = 30     6 * 6 = 36
1 * 7 = 7      2 * 7 = 14     3 * 7 = 21     4 * 7 = 28     5 * 7 = 35     6 * 7 = 42     7 * 7 = 49
1 * 8 = 8      2 * 8 = 16     3 * 8 = 24     4 * 8 = 32     5 * 8 = 40     6 * 8 = 48     7 * 8 = 56     8 * 8 = 64
1 * 9 = 9      2 * 9 = 18     3 * 9 = 27     4 * 9 = 36     5 * 9 = 45     6 * 9 = 54     7 * 9 = 63     8 * 9 = 72
9 * 9 = 81
```

5.4 自测练习题答案

一、判断

1. ✓   2. ✓

二、编程实践

参考程序及运行结果如下图所示。

```
1  commentList=["好评","好评","中评","差评",
2                "中评","好评","好评","好评"]
3  count=0
4  for comment in commentList:
5      if comment=="差评":
6          break
7      if comment=="好评":
8          count=count+1
9  print("第一个差评出现前的好评总数是: ",count)
```

```
Shell
>>> %Run 'good'"'"'Comment.py'
第一个差评出现前的好评数是:  2
```

第5章自测试卷答案

一、填空

1. 条件满足、条件不满足

2. 确定的、序列

3. 循环嵌套

4. break、continue

二、单项选择

1. B   2. D

三、改错

1. 原因：少了冒号。修改：将 "while i<101" 改为 "while<101:"。

2. 问题：不会输出 100。修改：将 range(2,100,2) 改为 range(2,101,2)。

3. 内层循环 j 的值不会变化，将是无限循环。

修改如下：

```
i=0
while i<5:
    j=0
    while j<=i:
        print("*",end=" ")
        j=j+1
    print()
    i=i+1
```

四、编程实践

```
temp=eval(input("请输入体温："))
while True:
    if temp<37.3:
        print("请通过！")
    else:
        print("请人工复测体温！")
    temp=eval(input("请输入体温："))
```

6.1 自测练习题答案

一、选择

1. B　　　　2. ABC

二、画流程图

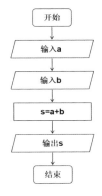

6.2 自测练习题答案

    1. B   2. ABCD

6.3 自测练习题答案

    1. C   2. AB

第6章自测试卷答案

一、选择

1. ABCDE

2. B

二、填空

1. 借助自然语言描述算法、借助流程图描述算法、借助伪代码描述算法

2. 不重复、不遗漏。

3. 列举每个可能的情况，并逐一验证这些情况，保留符合条件的解。

三、编程实践

1.

```
for x in range(25450,25460):
    if x%37==0 or x%67==0:
        print(x)
```

2.

```
for i in range(1,101):
    for j in range(1,101):
        for k in range(1,101):
            if i/3 + j *3 + k * 5 == 100 and i+j+k==100:
                print('小鸡',i,'只,母鸡',j,'只,公鸡',k,'只')
```

7.1 自测练习题答案

一、单项选择

    1.C   2.C   3.B

二、编程实践

分析：学号为正整数，因此随机生成的数也应是正整数。班内共有40名学生，学号取值范围为1～40，我们可以使用 random 模块中的 randint() 函数来实现这个功能。

参考代码及运行成果如下所示。

```
1.py    随机提问.py
  1  import random
  2  m=int(input("请输入班内学生人数:"))
  3  num= random.randint(1,m)
  4  print(num, "号同学请回答！")

Shell
Python 3.7.7 (bundled)
>>> %Run '随机提问.py'
  请输入班内学生人数:40
  4 号同学请回答！
>>> %Run '随机提问.py'
  请输入班内学生人数:40
  36 号同学请回答！
>>>
```

7.2 自测练习题答案

一、单项选择

1. A　　　　　2. B

二、编程实践

1. 将登录按钮的代码调整为：Button(windows,text='登录').grid(row=2, column=1)

2.

（1）包含窗口、labels 标签、button 按钮。

（2）控件按 place() 方式布局。

（3）找到该语句，并更改 text 的属性。

7.3 自测练习题答案

一、填空

1. "仓库"

2. Qrcode

3. numpy 模块和 pandas 模块

二、简答

Python 中，一个模块就是一个 .py 文件，里面定义了一些函数和变量；而包是模块的集合。

7.4 自测练习题答案

一、填空

1. 文本到语音转换 2. 初始化 init() 3.getProperty()，setProperty（ ）

二、编程实践

参考程序如下所示。

```python
import pyttsx3
engine = pyttsx3.init()
temp=eval(input("请输入体温："))        #输入温度数，赋值给变量 temp
if temp>37.3:
    engine.say("请复测体温 ")
    engine.runAndWait()
else:
    engine.say("体温正常 ")
    engine.runAndWait()
```

第7章自测试卷答案

一、单项选择

1～5:BCBDC 6～10:ABBCA

二、填空

1. random、time、turtle

2. from…import…

3. 绘制图形

4. mainloop()

5. 标签、按钮、文本框，标签，文本框

6. 第三方模块

7. pack()、grid()、palce()